换位

思考

夏海 编著

民主与建设出版社
· 北京 ·

© 民主与建设出版社，2023

图书在版编目（CIP）数据

换位思考 / 夏海编著 . -- 北京：民主与建设出版社，
2023.9
ISBN 978-7-5139-4353-6

Ⅰ.①换… Ⅱ.①夏… Ⅲ.①成功心理 – 通俗读物
Ⅳ.① B848.4–49

中国国家版本馆 CIP 数据核字（2023）第 172803 号

换位思考
HUANWEI SIKAO

编　　著	夏　海	
责任编辑	郭丽芳　周　艺	
封面设计	车　球	
出版发行	民主与建设出版社有限责任公司	
电　　话	（010）59417747　59419778	
社　　址	北京市海淀区西三环中路 10 号望海楼 E 座 7 层	
邮　　编	100142	
印　　刷	运河（唐山）印务有限公司	
版　　次	2023 年 9 月第 1 版	
印　　次	2024 年 1 月第 1 次印刷	
开　　本	880mm×1230mm　1/32	
印　　张	7	
字　　数	150 千字	
书　　号	ISBN 978-7-5139-4353-6	
定　　价	52.00 元	

注：如有印、装质量问题，请与出版社联系。

序　言

不知从何时起，我们的生活里出现了低效社交。社交低效，让我们开始惧怕社交。而越是躲避社交，生活就越糟糕，人生因此陷入恶性循环之中。其实，社交低效的本质在于所有人心中都存在着一道过滤网和一道防护墙，它们会阻挡来自外界的潜在危险，包括不确定的善意。

想要打破这些社交壁垒，只有一种快捷方式——换位思考，用共情换感情。

换位思考可以让我们用对方的视角审视他内心的抵触机制，在第一时间触碰到对方内心的柔软，找到我们与对方共赢的利益平衡方案，用温暖与信任打破对方的抵触与防备，进而与之建立起牢固而且有用的社会关系。

古人说："世事洞明皆学问，人情练达即文章。"然而，想要达到这种境界可不容易。它需要我们善于沟通、懂得示弱、恰当给予、有效倾听等。只有先培养出这样的思维理念，再着力打磨一些关键性的社交技巧，你才能逐步提升自己的共情能力，成为别人眼里那个有温度的人。

这正是我们撰写此书的初衷——愿被人际关系折磨的人

们，都能学会拥抱幸福。

本书巧妙地将心理学和社交学融为一体，面面俱到地讲解了洞察内心、赢得喜爱、结交朋友、收获支持、消除敌意、说服他人等多方面的技巧策略，对生活中有可能出现的种种心理博弈均做了具体阐述，并提供了最具实战效用的解决思路与方法。内容兼顾科学性、可操作性，而其中穿插的大量生活情景故事又极大地提高了阅读性。

毫无疑问，它会帮助你提升共情能力，了解人们外在行为背后的心理奥秘，掌控人际交往主动权，开创左右逢源、如鱼得水的人生局面。

目 录

第9章 关键客户拿捏：想明白了，生意就来了
chapter 9

第 1 章

大众流量密码：

想有交情，先培养感情

称呼里面藏学问，决定关系"润不润"

你骑车去山区旅游，眼看天快黑了，可仍没骑出无人区。这地方可是前不着村后不着店，再走不出去可真就要经受蛇虫鼠蚁的轮番轰炸了……正着急着，一位赶山的老大爷恰巧路过，你便单脚支地骑在自行车上高喊："老头，最近的村子离这里有多远？"

老大爷头也不抬："五里！"你也不道谢，骑车飞奔，结果一口气骑出近十里，仍然荒无人烟。

真是穷山恶水出刁民，哪里是五里，照此看来，恐怕要跑五十里！

你突然心中一颤：等等，五里？难道老人家说的不是五里，是无礼？

恍然大悟之后，你恨不得狠狠扇自己一嘴巴，这待人接物的基本礼仪，小学老师就教过啊，活了二十多年，却让自己全都就着米饭给吃了！

你急忙掉转车头往回赶。等追上老人，你马上把车子停好，走过去满面羞惭地开口说道："老大爷，对不起……"

还没等你把话说完，老人便说："这方圆几十里就我们一个村子，你想去市里找旅店恐怕要骑到半夜，夜里在山里赶路可是很不安全的。小伙子，你要是不嫌弃，就到我们村吃点饭歇歇脚吧。"

社交活动中，称呼是个大问题。你的称呼给人一种美好的体验，对方自然喜笑颜开，要是让人反感，那就等于自找麻烦。

通常情况下，称谓会随交情的递增而逐步随意化，然而，对于初级关系来说，这是个有一定难度的问题。

称呼的正确、适当与否，不仅体现一个人的风貌与素养，也显示出你对他的重视与尊重程度。换位思考，如果有人在称呼你时随随便便，毫无尊重可言，你还愿意和这样的人有更深的交情吗？

所以，称呼要有技巧、有含义，郑重一点说也要有基本原则。

社交基本原则。

一要合乎常理常规，不是特别熟的人别开玩笑。

二要入乡随俗，要设身处地，比如山东人喜欢称呼"伙计"，但在南方人看来，"伙计"等同于"长工"。

三要遵循约定俗成的顺序，即先上级后下级、先长辈后晚辈、先疏后亲。

如果社交活动中，对方对你来说还很陌生，那么要怎样称呼才算合适呢？

变通的方法也很简单，一点就透。

例如，用通称：

根据对方的性别、年龄、身份、职业选择合适的称呼。比如小哥哥、小姐姐、帅哥、美女、×先生、×经理、叔叔、阿姨、师傅等，一般而言，对年轻男子可以称帅哥，对中年男子可以称"先生"，年龄更大的可以叫"叔叔"；未婚女子年龄比我们大，可以叫"小姐姐"或"姐姐"，年龄比我们小，可以叫"美女"，年过五十可以叫"阿姨"或"姐姐"。

又比如，用亲近称呼：

根据对方的性别、年龄、关系等情况，选择合适的称呼。比如×爷爷、×伯伯、×叔叔、×哥、×奶奶、×阿姨、婶、嫂子、姐姐。需要注意："嫂子"和"姐姐"这两个称谓，使用时请务必谨慎，如果不确定对方婚否，或者不了解对方的婚姻状况，称"姐姐"比较稳妥。

还有一种情况，我们与人初次见面，不知道对方情况，也不可能贸然询问，这时就该通过相貌判断年龄，尽量往年轻了叫；通过衣着和言谈举止判断身份，尽量用尊称——使用尊重、美化性的称呼，一般是不会出错的。

这些一定要提前知晓

古人的尊称与谦称

别人的儿子——令郎　　自己的妻子——拙荆

别人的女儿——令爱　　别人的房屋——府上

自己的儿子——犬子　　自己的房屋——寒舍

自己的女儿——小女

别人的妻子——令正　　别人的父母——令尊令堂

　　　　　　　　　　自己的父母——家父家慈

换位 思考

目的明显，直奔主题，心理排位一定低

有一个叫杨铭的年轻人，从河北到东北读大学。大学四年，他明明知道自己有一位远房表亲在学校工作，可是总放不下自己读书人的身段前去拜访，甚至避之不及。

临毕业时，他看到很多同学都在找人帮忙推介，争取更好的就业机会，顿时着了急。

怎么办？为了自己的前途事业，他决定还是脱下长衫，"委屈"一下自己。

到了亲戚家里，杨铭生硬地先来了一段自我介绍："叔，我是杨铭，您老家那边的亲戚，我爸是杨刚。"

对方一听也是喜出望外，赶紧招呼落座。刚开始双方聊得还算投机，有说有笑，聊着聊着，双方的话题就进入了"叙亲情"环节，这位亲戚问道："杨铭，你七舅姥爷身体最近怎么样？"

这一下子就把杨铭给问住了，他自从跨入大学校门，便觉得自己已经脱离了农村，对于自己的那些农村亲戚早已懒得走动。所以一问三不知，再聊其他亲戚，也是支支吾吾，含糊其词。

气氛风云突变。

尴尬地坐了一会，杨铭红了红脸，硬着头皮说出了自己的请求："表叔，您桃李满天下，能不能在工作方面帮我引荐一下？"

表叔略一沉吟："杨铭啊，年轻人首先要学会自食其力，闯事业靠的是自己的能力。"

杨铭急了："叔，咱都是亲戚，这个忙你可不能不帮啊。"

表叔起身："杨铭啊，我今天有事要出去一下，你有空常过来玩。"

杨铭心知事情已经凉凉了，于是站起来道了个别，灰溜溜走了出去。

当你去请求别人时，对方首先会对你进行一个预判，看你这个人是感恩型，还是白眼狼型。

感恩型的人，别人给他滴水之恩，他全部记在心里，条件允许，竭力回报。帮这样的人不会白帮，这是人性中最基本的利益权衡。

与之相对应的，是"白眼狼"，你帮他越多，他越觉得理所当然，感情和亲情在他们眼里，只是可利用的工具，是获取利益的载体，在你陷入危机的时候，他不但冷眼旁观，还有可能落井下石。

如果这样的人找上门来，大多数人会予以拒绝。因为帮

换位 思考

他们相当于害自己，他们只会扰乱自己稳定的生活，拉低自己的生活水平，有害无益，必须远离。

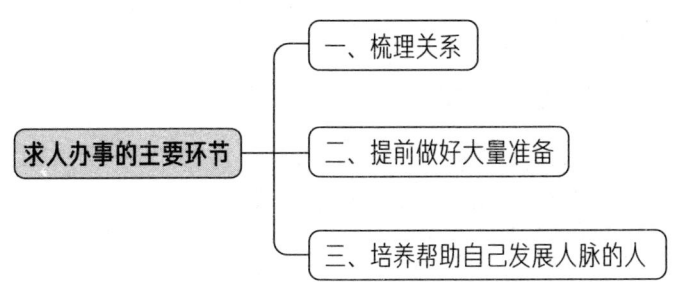

很显然，杨铭在对方的预判中，完全不过关。他在有求于亲戚时，没有事先做好亲情这门功课。亲戚相助的前提，是受助者要顾念亲情。可小杨同学连家乡的亲人都不屑一顾，对于表叔这种常年失联的远亲又能有几分情谊？今日有求于他，登门攀亲，他日自己宏图大展，恐怕对方便高攀不起。

再者，他的目的性太强，没有铺垫，直奔主题。

换位思考，假如有一天，一个长久没有联系的亲戚或朋友突然联系或拜访你，你的第一反应会是什么？

借钱？！

求助？！

上礼？！

反正不会是联络感情和叙旧。

你的第一个想法是"我该怎么拒绝他"。

因为对于不太热烈的关系来说，多一事不如少一事，多一事可能就是麻烦事。这是大多数人的思维逻辑。

换位思考：有求于不常联络的亲友时，我们应该怎么做？

事前补课是必需的，补什么呢？

●要想得到别人的帮助，你就要设法打好情感牌。

●比如对方是亲戚，那么他最在意或与之交好的亲戚是谁?

●如果是朋友，有哪些朋友与他志同道合?

●假如是同学，有哪几位同学让他念念不忘?

●他的家人亦应成为你关心的对象。

总之，求人办事之前，你需要事先探明对方的个性品位、爱好兴趣和对各种事情的看法，再把获得的种种微信息进行综合分析，窥斑见豹，找到最合适的切入点，作为沟通的基础。

此外，还要注意心理相容，将自己代入到对方的心境中，使自己讲的话对方爱听，对方说的话自己也能接受。同时，心中要有愿意"委曲求全，求同存异"的态度。

能人落难别拆场，尊者人走茶莫凉

　　一位年轻人毕业以后进入医药企业工作，某天准备去拜访一家医院的临床主任，一个知情的朋友拦住他："别去了，他已经不是主任了。"

　　原来，这位老先生虽然医技卓绝，但脾气暴躁，平时不把院里的各位领导放在眼里，还经常因为工作的事情和领导爆发矛盾冲突，所以被"明升暗降"也是情理之中，都是工作需要嘛。

　　年轻人来到医院，站在新旧两位主任的办公室之间，犹豫了片刻，最后还是敲响了老主任的办公室房门。

　　老先生此时正在办公室里生着闷气，年轻人的到来令他非常意外，同时又触景生情，免不了生出几分怨气。

　　"我已经不是主任了，你走错门了！"

　　对于这种遭遇，年轻人早就做过换位思考，心里已经有了准备，他微微笑了笑："不，我这次就是专程来拜访您的。"

　　老先生有些意外，情绪缓和了不少，他给年轻人写下新主任的名字和办公室门牌号，告知他以后商务合作上的事情，直接去找新主任即可。

年轻人知道此时不宜多说，遂起身告辞："那您先忙，我下次再来拜访。"一听这话，老先生情绪的小火苗又燃起来了："我人都下来了，还有什么可忙的？！"

年轻人没有敷衍着告辞离开，反而以忘年之交的口吻和老主任聊了起来："请恕我冒昧多说几句。以您的医术来说，即使不在第一线工作，不是一样可以为医学做贡献吗？要按您的说法，我一个医学院毕业的学生跑去当医药代表，岂不是要找块豆腐撞死了？"

老先生有点错愕了，大概是没想到一个年轻人敢这样怼自己，又或者被年轻人的话触动到了，一时沉默起来。

年轻人转而感慨起自己的遭遇："其实，有时候我也很迷茫，自己不能说是出类拔萃，也算是学有所成，可是因为种种原因实习后没有办法留在正规医院，最终只能到一家良心药企当医药代表，不甘心一定是有的，但转头想想，自己不也是在换一种形式为患者服务吗？"

这几句话一下子触到了老先生心中的 G 点："年轻人，先别急着走，有时间的话我们再聊几句。"

就这样，失意的年轻人和失意的老先生开始了交往，最终竟真的成了忘年之交。

半年后，老先生发表了一篇非常有见地的学术论文，结果受到主管部门重视，重归临床，职升一级。可想而知，年轻人的业绩会怎样。

很多人喜欢攀附得势者，这无可厚非，因为得势者的确可以带来肉眼可见的切实利益。但我们忽略了一个事实："冷庙烧香"，也能带来意想不到的收获。

但凡得势者，必然前呼后拥宾客盈门，你再虔诚，也不过是众多拥趸之一，除非你表现得特别出奇，否则得势者根本不会注意到你。

失势者则不然，失势者要么无人问津，门可罗雀；要么树倒猢狲散，饱尝世态炎凉。这个时候你留下一份人情，倘若有朝一日他平步青云或是东山再起，你的行情自然也就涨起来了。

换位思考一下，如果你得势，对于那些功利性质的攀附，你心中是否会不以为然，甚至嗤之以鼻？倘若你失势，有人不离不弃，嘘寒问暖，倾力相助，这个人，即便你仍处在困厄之中，是不是也会想着动用自己以前的资源帮帮他？

莫以成败论英雄，如果你认识的人中有人时运不济风流云散或是才华横溢却怀才不遇，千万不要像别人一样趋炎附势避之不及，真诚待人，别人也会真诚待你。

助人为乐有段位，待人口渴再送水

吴明父母早年离异，在得知母亲得了重病之后，作为独子的他只好辞去北京的高薪工作回到家乡，一边打工赚钱，一边照看母亲。

收入少了，支出高了，他渐渐变得入不敷出。昔日那群朋友日渐远去，甚至接吴明的电话都是避之不及，生怕他的来电是为了借钱。

唯独初中时的铁哥们肖扬对他来者不拒，此前两人各自奔忙，每月一两次电话表达问候而已，如今却日渐热络起来。

肖扬本身条件也不太好，高中毕业以后摆了个水果摊，虽不缺衣少食，但也仅仅保障温饱而已。

然而自从吴明陷入困境以后，肖扬反而大方起来，每每吴明难以支撑，总是尽力接济一下。也幸好有肖扬的友情和物质资助，吴明对生活始终没有灰心丧气。

母亲走后，吴明重新回到北京，恰逢直播行业兴起，短短一年时间就起来了。

换位 思考

吴明东山再起以后，第一时间想到的就是回馈肖扬，他把肖扬拉到北京一起创业，尽自己最大的能力去扶助肖扬。如今，肖扬在直播带货行业已经做得风生水起。

每个人都会遇到一些困难，对于那些在我们遭遇困境仍然不离不弃，愿意尽力相助的人，我们自然会感激不尽。

雪中送炭和锦上添花都会留下人情，但它们的价值却有天壤之别。其实于人而言，饥寒交迫之时的一碗热饭，更胜于灯红酒绿时的一桌大餐。聪明人都懂得换位思考，所以他们在帮助别人时，多少都会用点心思，济人于危困、解人于倒悬，等人口渴再送水。

我们知道，宋江论文不及吴用、公孙胜，论武更不及卢俊义、林冲、武松等一百多号人，他为何却能稳坐那水泊梁山第

一把交椅？

很大原因就是他把"雪中送炭"这招参透了，玩得明白。

宋江的诨号是及时雨。他之所以在江湖上获得此美称，就是因为他总在别人受困之后，迫在眉睫或是命悬一线之际，非常精准地把握时机，恰到好处地出手相救，令对方大有"生我者父母，再生我者宋公明"的感觉。

于是乎，梁山那一百多个混世魔王，心甘情愿奉他为大哥，唯他马首是瞻。

"雪中送炭"也要讲方法。

第一，饮足井水者，往往会离井而去。所以其一，你要待人口渴再送水；其二，你应适度控制，让他总有三分渴，有效给予，循序渐进，他便会对你产生亲近和依赖感。否则，效果将会大打折扣。

第二，对人恩情过重，会使对方产生排斥心理，因为他极有可能因此而感到自卑，或是认为无法回报你的恩情，产生极重的心理负担，换位思考一下，你当能够明白，这就是典型的出力不讨好，所以务必要把握尺度。

第三，也是最重要的一点——不要以"施主"自居，在受助者面前处处摆出几分优越感，仿佛在说："嗟！来食！"这样不但无恩，反而会结仇。

换位 思考

一百句安慰，不如一句"我懂你"

某企业的人事主管在说服职员方面很有一套，即使是降职，也能让对方心甘情愿接受。

首先，他会把当事职员单独叫来，给他发牢骚的时间，使他的情绪有所缓冲，等到气氛缓和得差不多时，他便会适时说出一句"我懂你，你的心情我很理解"。就为这一句话，多数人都会卸下对峙与防卫的表情。

坏的方法	好的方法
为什么你总是没有反馈？	我知道你最近很忙，但及时反馈事情的进展有助于我帮助你发现问题。
你为什么总是拖延？	我们一起来寻找能在截止日期之前完成任务的方法。

想让别人听你的话，首先要让别人对你产生一种信任感。通过共情帮助别人摆脱烦恼，是获取信任的一种重要途径，这也是很好的一种情感交换法。

人类有一种共性，对于能够理解自己不满与烦恼的人，会开启倾诉的欲望；对于戳中自己情感点的忠告，乐于洗耳恭听。

对于企业领导而言，人事变动无疑是最让人感到头痛的事情，即使是自己拿出了基于事实且让员工各得其所的最优方案，被调动的员工多数也会出现不满和抵抗情绪，觉得自己被边缘化或流放了。所以多数公司的HR，都是越干越累，心力交瘁。如果他们能够早一点借鉴上文中人事主管的说服法，也许情形就大不一样了。

电视上那些"烦恼协谈"类节目导师往往是在挑起话题，制造矛盾之后，在关键时刻抛出一句"如果我是你的话，我会……"，很多人在听到"如果我是你"这句话后，便会产生一种错觉——这个人的确是站在我的立场上为我设想。一旦陷入这种心理陷阱，即使他说的话对自己不完全有利，很多人也会觉得，这的确是为我好，因而自我消化慢慢接纳。

当然，这里所谓的"我懂你"，并不是真正要你去理解、懂得、感同身受你要帮助化解烦恼的每一个人，而是在于制造一种共鸣。

共鸣有了，在倾听的同时做到换位思考，给予对方正面的反馈意见，让他觉得你也是这样想的、这样认为的，那么，不管你是否真的懂他、理解他、认同他，他都会觉得你是站在他这一边的，他自然会把你当成"自己人"。

这是一种非常隐蔽的社交手段，也是人际交往中重要的一环。

懂，是一种技术层面的东西，可以说是对生理学、心理学、逻辑学、行为判断学的综合运用，懂的前提是理性分析而不是单纯的感性认同，关键是你要明白对方现在的心情、现在的态度、现在的想法，然后再厘清头绪考虑自己该说什么话。

很多人就是利用这种方法给对方制造"他懂我"的错觉，进而达到自己的交际目的。

交情要有界限感，一旦过界便是禁区

餐厅里空空旷旷，你走进去，直接坐在一位用餐者身旁，即使你长得很帅或者很美，对方也会在第一时间产生警惕心理。

抛开那些特别花痴或者爱美的特例，几乎没有人能够忍受一个陌生人突然坐到自己身边。绝大多数人会选择起身离开或者坐到别处，性格强势一些的甚至会直接质问："你想干什么？"

调换一下角色。

在宽敞的电梯或车厢里，你是不是会与他人刻意保持一定距离？当别人过于靠近你时，如果对方不是一个让你神魂颠倒的异性，你是不是会高度警惕并因此产生不快？

换位思考一下你就会明白，我们每个人都有属于自己的心理距离和身体距离，当有人贸然闯进这个距离以内时，我们就会感到不舒服、不安全甚至极其愤怒。

而一旦回到家中关上房门，排除有客人来访或是外人闯入的情况，我们会感到极其安全和放松，这便是"私人空间"对

各据一角，三足鼎立

换位 思考

个人心理的保护作用。

你进入一家新公司，对所有人热情周到，无论谁有什么问题或者困难，你都义不容辞全力以赴，刚开始大家可能会很喜欢你，可通常过一段时间以后，多数人都会疏远你。

这是为什么？难道热情周到、助人为乐还有错了？

是的，有错。

对一个头脑清醒、思维正常、身心健康的人来说，得到与付出都是基本的心理需求。

在人际交往中，如果这两种需求能够维持在基本平衡的状态上，那么双方关系大体也可以维持一个基本的和谐状态；如果这两种需求严重失衡，一直付出得不到回报，或者一直被给予无法回馈，那么双方关系一定不会健康，甚至会最终走向破裂。

所以说，人际关系一定要保持距离，即使感情再好也不能亲密无间，包括夫妻。

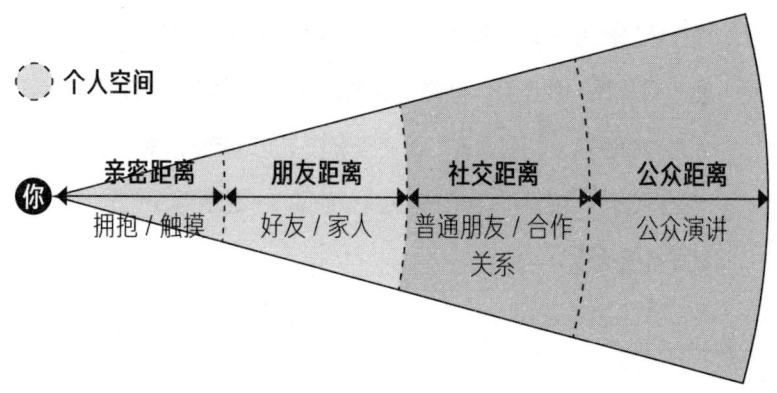

个人空间

| 亲密距离 | 朋友距离 | 社交距离 | 公众距离 |
| 拥抱/触摸 | 好友/家人 | 普通朋友/合作关系 | 公众演讲 |

你

先来说说交往的身体距离吧，这个比较容易理解，死记硬背即可。

公众距离。

这个距离一般在 3.7 米至 7.6 米之间，这种距离适合授课、演讲、商业活动等不需要实现真正的有效沟通的类似情景与场合。

如果其中一方试图与对方进一步交谈，他就必须将这个距离缩短为社交距离或个人距离。

如果这个距离达到 7.6 米之外，那就是陌路人而已。

社交距离。

这个距离一般在 1.2 米至 2.1 米之间，这种距离适合工作交流与社交聚会，体现着人文交往的界限感和理解性，具体间隔多少通常视不同关系、不同场合、不同情境而定。

而在比较庄重正式的场合，这个距离一般在 2.1 米至 3.7 米之间，以体现一种严肃、认真、正式的气氛。比如企业或领导人之间的谈判、招聘面试、论文答辩，参与双方之间都会放置一张办公桌，或是将来访一方的座位放置在一定的距离位置上，以保持庄重感。

换位 思考

朋友距离。

46 厘米至 76 厘米，是普通朋友应该保持的界限，在这个距离上彼此没有多余的身体接触，但不妨碍交谈与握手。陌生人如果进入这个距离，当事人就会像领地被侵犯一样，感到不适或愤怒。

如果是新认识的朋友或是关系比较一般的朋友之间交谈，这个距离则可能被拉大到 76 厘米至 122 厘米。如果你的好朋友在站位时主动与你拉开距离达到 76 厘米以上，那么你应该注意了，你们的关系有可能出现了什么问题。

亲密距离。

这是人与人之间最小的间隔，能够达到这种距离的，异性多数是爱人、恋人或是情人，同性则是最好的兄弟或闺蜜。

这个距离一般在 15 厘米至 44 厘米之间，过远或过近，都会让人感觉不舒服。

需要注意的是，朋友距离与亲密距离，一般只在生活场景中使用，如果进入正式社交场合，不管是恋人还是挚友，都应遵循适合场合气氛的正式社交距离。

第 2 章

深度共情：

高能回应，前提是智能倾听

你是在听，但你并不一定是在倾听

有时候，两个人口若悬河聊得火热，但细听之下就会发现他们其实在各聊各的，话题几乎围绕的也都是自己。这种情况很正常，现代人的压力不小，这种聊天方式可以让人放松下来，大家都开心，这就好了。

但这种聊天方式并不会大幅度增加亲切感，因为你在讲自己，他也在讲自己，你没有用心听他的，他也没有用心听你的。

倾听的好处
好处之一：准确了解对方；
好处之二：弥补自身不足；
好处之三：善听才能善言；
好处之四：激发对方的谈话欲；
好处之五：使你发现说服对方的关键所在。

换位 思考

从人性的本质来看，每个人最关心的都是自己的问题，所以你在与人交往时，最不该忽略的就是对方的心理需求，以及他想要表达的问题，事实上他对他自己的问题，比对你提出的问题要感兴趣百倍、千倍。

有效倾听是高效沟通的前提条件。倾听，表示你愿意了解对方的诉求，接纳对方的意见，这是彼此关系融通的第一步，也是取得良好人际关系的一个重要因素。

其实不论是管理还是社交，倾听的技巧大致异曲同工。

这些一定要提前知晓

第一，不要盛气凌人。

与人沟通时，除注意倾听外，要多用询问句，少用质疑句，引导别人说出心里话，不要让别人觉得你居高临下、唯我独尊。

第二，适当暴露薄弱环节给别人看。

可以适当说说你的难处，引导别人给你提意见。 劝勉和受劝勉，其实也是良好共处的一种方式。

第三，耐着性子听别人发牢骚。

别人的牢骚对你而言可能无聊透顶，但对他们自己来说却非常重要。 懂得换位思考，就不应该把别人的牢骚当成是幼稚和愚蠢的表现。 如果你能随时化解别人的牢骚，消除他们的怨念，帮助别人解决纠结在心里的问题，他们就会把你视为"知己"。

通过换位倾听，才能建立真正的连接

菲尔·杰克逊所带领的球队在美职联中获得了多次成功。

有人认为他的排兵布阵不及马刺的鬼才教练波波维奇，直言他是因为有乔丹、科比这样的超级巨星坐镇，才得以功成名就，沽名钓誉而已。

但事实上，执教乔丹、科比的教练不止菲尔·杰克逊一位，为什么他们没有获得成功呢？

菲尔·杰克逊在一次接受采访时说："我并不喜欢对我的队员大吼大叫，比如训练的时候他们状态不佳，或是在球场上出现了不该出现的失误，我会出现情绪上的不满，但我不会当众对他们大声指责，除非这个错误实在不可原谅。"

在多数球员眼里，菲尔·杰克逊都是一个值得尊重的老头，因为球场上无论发生什么情况，首先愿意原谅他们、愿意听他们解释原因的，都是教练。

很多时候，有些错误的确是不应该犯的，比如奥多姆总是习惯性地在球场上走神。当奥多姆向菲尔·杰克逊做出解释时，菲尔·杰克逊总是耐心地听他把话说完，然后告诉他："我明白你面对的是怎样的压力。"

又比如乔丹、科比经常在球场上和对手赌气，有时难免硬干蛮干，亲手葬送本该拿下的好局，可等他们回到场下，菲尔·杰克逊也愿意听他们发泄自己的情绪，并表示对此能够理解。

这样的沟通方式，让球员们觉得自己获得了尊重，他们感谢教练的理解，在每一次关键比赛中，他们总会尽全力来完成比赛。

这大概才是菲尔·杰克逊能够获得成功的重要原因——他总是愿意站在球员的立场上听他们诉说，能够设身处地地与球员做角色的转换。他尊重他们，他们也尊重他；他给予他们自由发挥的自由，他们也希望用胜利回报他。

在人际交往中，善解人意的人显然更受大家的欢迎。所有人都希望自己的情况被人理解，在被人理解的那一瞬间，他对对方的好感度会呈几何级增长。这几乎是人的通性。而这种善解人意的前提就是——换位倾听。

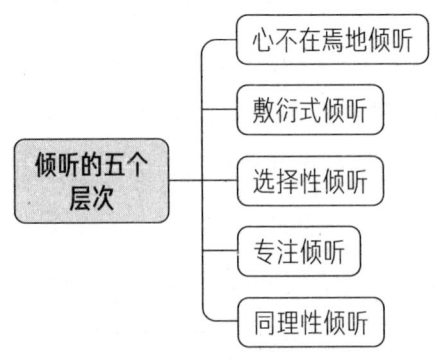

倾听的五个层次
- 心不在焉地倾听
- 敷衍式倾听
- 选择性倾听
- 专注倾听
- 同理性倾听

在人际交往中，如何成为一个好的倾听者呢？

首先，不要急于判定别人的观点是对是错，换个角度，如站在对方的角度上再考虑考虑这个问题。

其次，与人交谈时，要学会顺着讲话者的思路挖掘他的意图，适当给出他想要的答案，或做出正确的肢体语言进行回应。

最后，即便对方的说法或观点存在问题，只要不是原则性问题，也尽量尝试去理解他，而不是急于否定他。

听出对方的暗示，合理回应对方的"指示"

会议上，老板走到助理身旁，指了指其手提电脑："这个方案尽快做出来。"

这个方案是市场部的工作，为了确认老板的指示，助理立刻询问："张总，是让市场部尽快完成他们的方案吗？"

老板面色不善。

市场部负责人就坐在不远处，老板有意留白，助理却一语道破，这下好了，除了助理，大家都有点尴尬。

助理的话音一落，市场部负责人立刻射来两道不易察觉的冰冷目光。

嗯，这个梁子大概是结下了。

生活中，我们多数人都能正常与人沟通，却有很多人从不注意别人的"话外之音"。

听不懂话外之音，就如同拿着直钩去钓鱼，架势摆出来了，样子也有了，却始终钓不上鱼来。

这样的印象一次次留给朋友，朋友会觉得你愚不可及，为

换位 思考

避免被你误伤，纷纷与你保持安全距离。

这样的印象一次次留给客户，客户会觉得你忒不懂事，连订单都不会给你。

这样的印象一次次留给老板，老板嘴上不说，但在考虑升职加薪的时候，恐怕就没你什么事了。

别觉得别人都是想太多，就你心眼直，你要是换到他们的位置上，你也会这么干。

所以，很多人在交朋友、谈生意或提拔下属时，都会特别注重对方的"悟性"。

悟性是什么？就是别人把话说到一半，或者言外有物，你能听明白这半截话，抓到这个"物"。

现在，你可能会有一点灰心：我脑子里没有那么多弯弯绕，这对我来说太难了！

事实上并不难，这里有几个技巧，虽然简单但是实用，你可以参考一下。

技巧一：不明白时，一动不如一静。

老话讲，说多错多，祸从口出。如果对方的真实意图你一时无法觉悟，宁可不接茬也不要乱接茬。

你可以先简单应承，然后私下里再复盘对方的话，参悟他反常举动背后的深意，等下次再遇到类似情境，你的反应必然会为你的表现加分。如此反复几次，你就会成为别人眼中

"懂事"的人。

类似的场景在与人通话或软件聊天时也常被应用。当电话接通或发信息给对方以后，对方不接你的话题，总是"嗯嗯啊啊"，"懂事"的人迅速就会做出反应，知道对方此时不方便聊天或者通话。此时，礼貌而快速地结束交谈，才是最明智的做法。

技巧二：顺着对方的意思说，小心无大错。

有一次工作会议，会议的主题是外国合作伙伴接待事宜，老板问助理："你的英语口语还不错吧？"

接下来的几秒钟，助理有两种选择：

1. 是的，张总，我英语口语还可以，您有什么指示？

2. 张总，我英语口语不行，让我起草文案还可以。

助理选择了后者，话一出口，老板脸色又不好了。

我们来分析一下。

这次的会议主题是什么？接待外国客户。

那么老板问出这个问题，他的言外之意又是什么？

希望助理能够全程陪同英语不过关的自己。

其实老板怎么会不清楚自己的助理英语口语什么水平，他之所以这么说，是想给助理一个表现的机会，让他在公司有一些资本积累，为将来提拔他做准备。

助理的英语口语虽然不是太好，但如果事先做好方案，预

换位 思考

想外国客户可能要说的话、要问的问题，设计好合适的商务回答，再恶补一下交际用语、那么这种计划内的商务交流，难度并不大，就和我们小时候背作文没什么两样。

结果，助理又让自己失去了一次机会。

事实上，因为思维习惯，人们在问出一个问题时，自然而然会流露出自己想要的答案。

"你忙吗？"他希望你回答的是：不忙。

"这么做会不会不太好？"他希望你回答的是：不会。

"你有时间一起吃个饭吗？"他希望你回答的是：有时间。

"你应该没时间一起吃饭吧？"他希望你回答的是：没时间。

那么，被问及"你的口语不差吧"，应该怎么回答？

不差！

当然，有时语境不同，问话的意向也会存在变化。但在绝大多数情况下，人们在问话时最直接的意思，就是他所期望的回答，你能把握住这种方向，就可以让对方在后续的话语中自己揭晓答案。

技巧三：重复问话，争取思考时间。

如果你较不擅长沟通，反射弧比较长，这招非常好用。

比如老板对助理说："小刘啊，你们行政部新来的那个小姑娘的业务能力还得磨炼啊，怎么让她做个周报都做这么久，有点影响工作啊。"

如果助理一下子没反应过来老板是希望自己主动把这个分外的事情接过来，他应该怎样回答？

"张总，您是说新来的那个女孩子业务还需要磨炼，周报做得久，有点影响工作，对吗？"

重复对方的话，没有什么回应失误的风险，并且你只是重复对方的话，而不是在别人背后非议他，但这种做法却可以为你争取几秒钟甚至更长的思考时间。

"张总，我有个想法，你看这样行吗？"说到这里助理停了几秒，最后建议，"不如让我来指导她做周报吧。"

OK！助理终于 get 到了老板的点。这次，老板终于笑了。

人际交往的本质是沟通与协作，如果一方说话，另一方总是领悟不到对方的真正意图，那还协作什么，抓紧散了吧。

所以说，听话不光要听清楚别人说了什么，更重要的是要听明白别人没说什么。

会听重点，能抓关键，才叫有效倾听

老张在某单位宣传部门工作，他这个人说话时有个特点——啰唆爱跑题，一会扯东，一会道西，经常搞得听者如堕云里雾里。

有一次，单位和兄弟单位搞联谊活动，准备让位花和位草以及有戏曲功底的人员，一起排演经典剧目《梁山伯与祝英台》。

老张披挂上阵，将全体参演人员叫到一起，开了个临时会议。这次会议的主题是——如何纯熟掌握戏曲唱词，并将自己深入代入角色。

作为领导，老张率先发言，他说："《梁祝》的唱词写得非常好，特别好，极其好，虽然我不知道是谁写的，但能写出这样唱词的人，让人敬佩。"

接着他又说："《梁祝》这个故事流传已久，我给大家简单讲述一下……"

随后他发表了自己的看法："很多人不理解，马文才在人品方面没有什么问题，又是典型的高富帅，为什么祝英台却对他视而不见，只喜欢穷酸秀才梁山伯呢？我要说的是，这就是爱情的力量。爱情是什么样的一种力量？它是这样的……"

最后，他才清了清嗓子，比较认真地说道："下面，我再来讲讲，大家该如何掌握好各自角色的台词，并将自己代入到角色之中……"

这场简会足足开了一个小时，说得老张口干舌燥，结果，绝大多数人都没弄明白老张到底要讲什么。

事实上，老张这样的人非常常见，讲话语无伦次，让人摸不到头绪，抓不到重点。

换位 思考

你在听他说话时，不但要高度集中注意力，还要高度换位思考，捕捉他言语中的每一个细节。

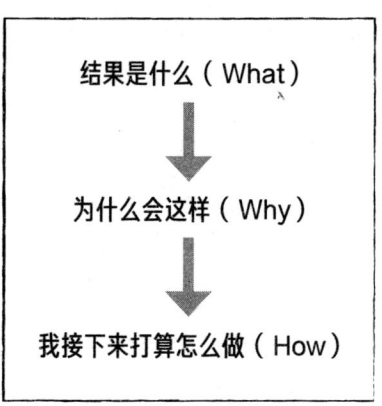

● 注意预期和语调

● 听关键词

● 掌握对方说话的节奏性

事实上，人在说话时，相同的一句话，可以表达出多种不同的含义，你仔细观察他的语速、语气，便会有所发现。

比如一个"喂"字，如果讲话者要说的事情很重要、很急迫，导致他当时的情绪处于极认真或紧张的状态中，这个"喂"字声调会高，干脆利索，直接短促。

但如果他在与人闲聊，说些无关紧要鸡毛蒜皮的话题，这个"喂"字就会说得平缓、随意，甚至是懒散，表现出来的是一种延长音。

所以，判断一个啰唆的人话语中的关键之处，关键就要掌握他说话的节奏性，注意他的语气语调和表情。

听话要听出话外之音，更要听出关键之处、轻重缓急，抓住信息里的主题，这样才能做出精准反馈，让发布信息的人满意。

如果忽视了这些细节，驴唇不对马嘴，又或本末倒置，就会让讲话者不满意，甚至大为光火，给自己的生活和工作带来负面影响。

换位 思考

第 **3** 章

30 秒化解冷场：找对话题有技巧

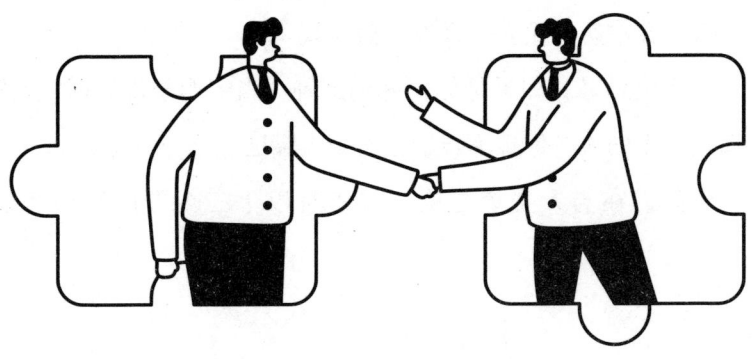

他是谁？与人建交，先要了解身份背景

与人讲话不考虑对方的身份背景，你就很容易捅窟窿。

同样的一句话，你对甲说没问题，你对乙说可能就会惹祸上身；同样的一个问题，你与甲谈趣味横生，你与乙谈对方可能就会感觉无聊至极。

又比如，你有得意的事，就该同春风得意的人讲，你跑去对失意的人滔滔不绝，你把人得罪了，恐怕自己还如堕云雾中，浑然不知。

反之，你有失意的事，就该与失意的人谈，你若是跑去找得意的人发牢骚，被人轻视，说教一番还算是好的，就怕惹人生厌，笑你怨天尤人，说你活该自找。

换位思考，如果是你，遇到这种"当着瘸子说短话"，满嘴跑火车的人，你想不想给他两个大嘴巴？

我们在与人交谈之前，起码有以下三个方面必须考虑周全。

第一个考虑：必须考虑对方的生活状况与人生经历。

大家的生活环境不同、人生经历不同，思维方式、生活观念也不会相同，就好比你去跟快递小哥大谈鲍鱼鱼翅有多香，你说他想不想抽你？

第二个考虑：必须考虑对方的心境。

对方刚刚失恋，你跑去说："嘿，老铁，一起去游乐园快乐一下啊？"

他一定认为你是故意的。

"小伙子，你是懂幸灾乐祸的！"不出意外，他心里一定这样想。

所以这段关系，就到此为止吧！

实际上，我们在与人交谈的过程中，对方的心理状态也是逐渐变化的，这就要求我们在与人交谈时注意，时刻注意观察，分辨对方的表情变化，尽量做到使自己的谈话内容与对方心境同步，这样大家才能同频共振。

第三个考虑：必须考虑对方的心理反应。

你在饭桌上，大谈农民兄弟如何使用农家肥，你一定是故意来恶心人的。

你跑去村子里跟大妈说，咖啡应该怎样磨，你走后大妈一定会说：刚走出村子才几天啊，瞎嘚瑟个什么！

有人家里亲人去世，你在人家面前说："人啊，早走早好，活着太累了！"

这大概就结仇了。

总之，你在语言交流中，必须考虑对方的身份背景，必须讲究讳饰，你只有考虑周全了，才不至于大煞风景。

能为话题埋伏笔，招呼打完有延续

要使一个话题可以有效延续，我们就要为这个话题埋下伏笔，以理解多种立场的态度，选择大家都可以接受的共同方式。

直白一点的说法就是，同理心"抓话把儿"。

顾名思义，就是考虑对方的立场，抓住对方话题中可以提炼的关键点，然后作为自己话题延续的基础，向下延伸。只要你不发挥失常，正常情况下，都可以把天聊下去。

这里有两种比较简单的方法：

第一种方法。

要是对方的话意思纯粹、语句简单，那么你就在后面直接加个问号。

比如你可以对小明说："你认为这部电影把男人描绘得都很渣，所以你认为这是部女权电影，是吗？"

你的问题会促使小明进一步解释自己的观点，这时你再注意他讲话的细节，有针对性和引导性地进行提问，就可诱导小明对话题进行深入阐述。

事实上，原本小明可能只是随口发发感慨，但在你的诱导下，他对自己的观点进行了再次审视，深入剖析，最终，小明拥有了一个相对成熟且更加理性的观点。

这个过程小红一直在旁听，小红通过小明的阐述和解释，可以得到更多换位思考的机会，她能够渐渐理解小明的结论，但她心里肯定还有很多问题，此时你再引导小红对小明发出提问，随着二者理性、深入的交流，小红也会越来越理解小明的观点。

虽说最终不一定能达成一致意见，但大家的关系肯定是融洽了。

第二种方法。

要是对方的话语相对冗长，你就提炼一下，做下概括、总结。

比如你可以对小红说："如果我的理解没错，你认为这部影片的结局不完美，使整部电影的主题最终走向了男权？"

基于你的提问和引导，小红也一定会对自己的观点做进一步的阐述和剖析。如果她认为你总结得有问题，她会进一步纠正，对于她纠正的结果，你只要再"加个问号"，那么话题就可以得到延续和剖析。

同样，你也可以引导小明加入话题中来，在相互交流的过

换位 思考

程中，小红也会对小明的观点产生一定理解。

这样一来，氛围就越来越融洽了。

更重要的是，这种交谈方式可以有效引导沟通中的各方尽量去理解和接受彼此，可以让彼此逐渐放下对立的立场或状态，学会去异求同，最大限度地去接受他人的观点和想法。

你要知道一点引导话题延伸下去的方法。

无限话题引导

聊天的四个维度
1. 关于话题本身的讨论
2. 话题围绕你
3. 话题围绕对方
4. 话题围绕你和对方

聊天的"可回复点"
例：女孩说："不要欺负我这种又年轻又漂亮的人啦。"
可回复点："欺负""年轻""漂亮""人"
欺负——例："我那么爱你，怎么会欺负你？"
年轻——例："亲爱的，还说自己年轻呢？就喜欢你这份不要脸的自信。"

聊天常用的13个话题
1. 你可以陈述自己当前的状态和感受
2. 可以问女孩在干吗
3. 评价女孩的照片构图
4. 聊身高和身材
5. 聊工作和职业
6. 聊彼此的爱好，平时喜欢做什么
7. 聊喜欢看的剧和电影
8. 聊喜欢看的书
9. 聊喜欢听的歌
10. 聊喜欢吃的美食
11. 聊最近准备去哪儿旅行
12. 聊平时喜欢去哪玩
13. 聊当前最热的网络话题

不夸张卖乖，礼节性奉承张嘴就来

人总是会对美好的事物满怀憧憬甚至是幻想，哪怕是自欺欺人、自我安慰，也会给予自己一定的力量，相应地，你恰当、合理地去迎合他人的这种内心需求，他便会认为自己受到了重视与尊重，这是一种极大的满足感，这种满足感又会促使他对你产生极大的好感。

但就连法国伟大的哲学家、教育家、思想家卢梭也说过："我从没有说谎的兴趣，可是，我常常不得不羞愧地说些谎话，以便使自己从不同的困境中解脱出来。有时为了维持交谈，我迟钝的思维、干枯的话题迫使我虚构一些事情以便有话可说。"

人，总是要面对生活的。生活中，真实和真诚很重要，但生活中又不可能处处都是真实。

大家都是凡夫俗子，每个人心中都有这样那样的欲念，都希望将美好的事物据为己有，这种"俗"谁也避免不了。如果你时时处处实话实说，那么最终的结果是，你可能会自己把自己整抑郁了。

换位 思考

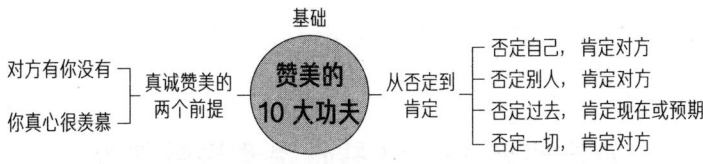

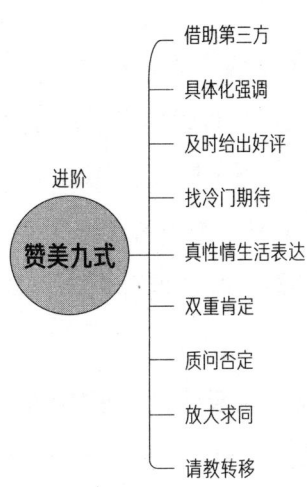

基础

真诚赞美的
两个前提 —— 赞美的 10 大功夫

对方有你没有
你真心很羡慕

从否定到肯定
- 否定自己，肯定对方
- 否定别人，肯定对方
- 否定过去，肯定现在或预期
- 否定一切，肯定对方

进阶

赞美九式
- 借助第三方
- 具体化强调
- 及时给出好评
- 找冷门期待
- 真性情生活表达
- 双重肯定
- 质问否定
- 放大求同
- 请教转移

想要更好地与人建交，真正做到与人有话可说，就要拿出换位思考的态度，认真揣摩此情此景之下对方的心理期待是什么，然后采取合适的奉承话去迎合对方的心理状态。

当然，奉承也有原则和技巧，脱离了原则的奉承不但让人心生厌恶，甚至有可能是"拍马屁却一巴掌拍在了马腿上——挨踢没跑"！

奉承的首条原则是，要秉持一颗善良、诚挚的心，要以诚恳的态度去奉承。

事实上一个人的言辞会自然流露出他的心理状态，你夸夸其谈或是漫不经心，对方一眼便会识破你是在违心奉迎、卖乖弄巧，油然而生反感，心情自然也不会痛快，这便是"偷鸡不成蚀把米"了。

再者，奉承别人不可漫无边际，讲出与事实相差十万八千里的话。

比如你看到一位水桶式身材的女士，你却对她的丈夫说："大哥，嫂子可真苗条！"你说你容不容易挨揍？本来你是想奉承，但对方听在耳里却成了极大的讽刺，效果真是一言难尽。

但你要是说："大哥，嫂子可真是知书达理，娶到这样贤惠的妻子，是你有福气。"这话说出来，不光大哥听着高兴，大嫂听着也开心。

归根结底，即便是说奉承话，我们也要尽量做到坦诚待人，这样你说出的奉承话才有水平，听到对方耳里才与众不同。

换位 思考

无中生有的闲聊，快速消除紧张、陌生感

　　某小伙入职了一家大公司，和同事们都不熟悉，不巧，他的工作性质又需要很多其他部门、诸多同事的配合。

　　对于不太熟悉的人，同事们的反应都很一般，配合工作的态度也不够积极。无可厚非，这是人之常情，所有人对不熟悉的人都存在防御心理。很自然地，他在开展工作时遇到了一定的困难。

　　遗憾的是，他不是个貌美如花的小姑娘，与生俱来自带亲切感和吸引力。

　　遇到这种情况怎么办？

　　小伙子琢磨琢磨，一拍桌子：好，就这么办！

　　自此以后，小伙子一有时间就"流窜"到其他部门，看到哪位同事不忙就凑上去聊几句，没过多长时间，他就跟其他部门的同事们混熟了，再找大家配合工作，自然不在话下。

　　有些不好办的事情，同事们甚至主动出面帮他搞定，这样一来，工作中就节省了很多无效沟通。

这是不是有点神奇？那么回想一下你自己，在日常生活中，是不是会竭力避开与邻居或同事的闲聊？因为你认为这是在极大地浪费时间，并且阻碍了有意义的对话，你甚至认为这是吃饱喝足后的无聊扯淡，是对生命非常可耻的浪费。

当然，也有可能是你不擅长闲聊，因而对擅长闲聊的人自带反感。然而你并不知道，日常生活中的闲聊，尤其是在社交场合就无关紧要或无争议的事情所进行的礼貌性交谈，是一种可以使双方都舒适的对话状态。

有研究表明，即使只是在地铁上与顺眼的人闲聊，人们也是会感到快乐的。

这个时候，闲聊的主题有没有意义，是否具有建设性并不重要，闲聊的主要目的本来就不是发现意义并创造意义，更多的时候，它是一种相互传递友好、传递情感的信号。

说得直白一点，乐于闲聊，知道什么场合、什么时间可以闲聊，并将闲聊内容引申下去的人，更容易成为受到大众欢迎的伙伴。

事实正如心理学家詹姆士所说："与人交谈时，若能做到思想放松、随随便便、没有顾虑、想到什么就说什么，那么谈话就能进行得相当热烈，气氛就会显得相当活跃。"

所以，即使你不喜欢，你也应当学会闲谈，因为别人喜欢闲谈。

换位 思考

生活中还有很多类似的场景，比如语言上的误会、闹了乌龙等，这一类笑话不会对你本人的品质造成伤害，而且多数人都爱听，拿出来开开自己的玩笑，不但能够博人一笑，有利于话题的延续，而且还会让人觉得你很随和、很好相处。

　　这里要说的是，闲聊虽然好用，但也要掌握尺度，不合时宜或者敏感的话题一定要避忌，不要一时兴起随口胡言。

换位 思考

快速找到相似点，话题对了，距离就短了

露露昂头挺胸走进主管办公室，她一连签下了三笔订单，可谓春风得意。

主管是一位准妈妈，但露露并没有注意到这个情况，她仍然沉浸在自己旗开得胜的喜悦之中，也没有寒暄，直接摆明来意。

"老大，今天我拜访了五位客户，签下了三笔订单。"露露顿了一下，等待赞许。

主管微微点头："不错！"

露露继续："另外两个没有签下来，但我真尽力了，这两个人简直油盐不进，还是您亲自出马吧。"

主管眼中出现了些许不满，但没说什么，露露没有注意到她神情的变化，转身走出了办公室。

乔乔只签下了一个客户，还有四个客户处于考虑中，不是很好敲定，但她走进主管办公室的时候，仍然粉面含春。

她一眼便看到主管办公桌上摆放的《胎儿幸福胎教》，又

见主管不时有意无意地轻抚腹部，于是瞬间放弃汇报工作的念头，连忙不失时机地劝主管不要久坐，适当运动更有利于胎儿的健康。

主管的眼睛亮了起来："这个你也懂？"

乔乔笑了："我姐姐怀孕那会儿，我照顾过她啊！"

主管来了兴趣："那你跟我说说都需要注意什么？"

两个人饶有兴致地聊起了关于养胎、安胎和胎教的问题，过程非常愉快。

等到聊得差不多了，乔乔才抽空汇报自己的工作："老大，今天只签下一单，还有四个客户说要考虑一下，不过你放心，再给我点时间，我一定能把他们拿下来。您现在不宜劳累，这种事情不用您操心，您安心养胎就好了。"

主管微微一笑："努力吧，你办事我放心。"

乔乔满面春风地走出主管的办公室，主管觉得这个姑娘真是又懂事又上进。

所谓"酒逢知己千杯少，话不投机半句多"，人们在交朋友时都喜欢找有共同语言的人，要是和不对路的人在一起，真是三两句话就会产生拂袖而去的冲动。

因而为避免冷场，面对一个人时，你首先要做好换位思考：

1. 他现在想谈什么？

2. 我要怎样把自己的话题融合到他想谈的话题中？

3. 该从什么时候开始切入我的主题?

乔乔的做法值得借鉴。

一个人的心理状态、情绪状况、品味格调、生活爱好等, 或多或少都会通过他们的面部表情、肢体表情、服饰、谈吐等 细节方面有所表现, 只要善于观察, 不难发现切入点。

比如乔乔看到主管桌子上摆了一本胎教书, 又见她轻抚 腹部, 她瞬间判断出, 主管这是进入了孕期。与孕妇该聊什 么? 当然是安胎、养胎、胎教等话题。

恰巧姐姐怀孕时乔乔亲自照顾过, 有过一点经验, 话题就 这样展开了。

如果自己没有相应经历怎么办? 可以表示自己朋友怀孕 了, 向主管请教。然后在聊天过程中察言观色, 等到把对方 聊出好感来, 聊开心了、聊对味了, 再抛出自己的话题:"我 有一件事要跟你说一下……"这样的话, 对方接纳的程度一 定会更高一些。

其实日常对话中, 试探相似点的方法还有不少, 再跟大家 略说一二。

比如询问对方的籍贯、兴趣爱好等。

"哥们, 你家乡是哪里的?"

"河南唐河。"

"这么巧吗? 我奶奶的家乡也是唐河, 她是丁岗村的。"

"我外婆家也在丁岗村。"

——这就有话说了。

"哥们，你喜欢看足球比赛吗？"

"不，我喜欢看篮球比赛。"

"篮球比赛我也看，你喜欢哪位球星？"

"科比。"

"我也喜欢科比，尤其喜欢他的曼巴精神。"

——你们可以就曼巴精神展开话题。

又比如：

通过对方的口音判断对方的家乡；

通过对方的言辞揣摩对方的职业、身份；

通过对方的行为习惯辨别对方的爱好、性格等。

诸如此类，不胜枚举，只要你愿意去发现，耐心去观察，总能发现人与人之间的相似点。如果你又愿意换位思考，通过共同话题引发类似的想法或是情感，或许你们就可以达成共鸣了。

别人心情差，如何打开他的话匣子

老白目前很上火，家里的独子亮亮上初中以后，开始厌学，怎么说也不改，骂也没用，就差出手揍了。

这天，老白又因为学习态度问题教训儿子。亮亮很倔强，任凭爸爸说得唾沫横飞，脸色铁青，就是梗着头，一言不发。

这一幕恰巧被前来串门的小姨子看到，小姨子是做音乐老师的，她对老白说："姐夫，你先出去溜达会儿，我跟亮亮聊聊。"

老白出门了，小姨坐到亮亮旁边："亮亮，跟小姨说说，你们现在的学生都喜欢玩什么？好玩吗？"

亮亮坦言："也没什么好玩的，都是些无聊的游戏。"

小姨笑了："既然不好玩，那爸爸让你学习，你为什么不学啊？"

一说这个，亮亮顿时来了气："我爸满脑子都是学习，有时我有些想法刚想跟他聊聊，他就告诉我，学习去！有时我心情不好想安静一会，他又吵着让我学习；有时我想做点自己喜欢的事，他还是嚷着让我学习；他又总是骂我，所以我就不想学了，我这是故意气他的。"

小姨拍了拍亮亮的肩膀："这么说，亮亮不是不想学习，只是反感爸爸的做法，对吗？"

亮亮点点头，一言不发。

小姨又说："如果小姨跟你保证，说服爸爸改变他的做法，你愿意自主学习吗？"

亮亮再度点头："小姨，我学习去了。"

想要心情差的人打开他的话匣子，你就要试探出对方心中的痛点，然后站在他的角度上，给出理性、恰当的意见，顺势打开这个话题。

此时不妨回想一下，你在遇到烦心事的时候，当时的自己是个什么状态？

是不是心中对于烦恼已经有了一个模糊的答案，或者说自己已经为解决烦恼描绘了一个大致的轮廓和方向，仍觉得困惑和苦恼，没有勇气去确定？这时，你需要一个懂得并能够引导你的人。

这时你往往希望跟自己亲近的人聊天，希望他们去扮演这个引导者的角色，为你站台，润物无声地引导你去采取行动。

但是，如果引导者并没有考虑到你的心境，只是一味给出自认为理性的建议，或者只顾表达他们自己的看法，又或者摆出姿态开始说教，你的心情会不会更差，感到自己没被理解？

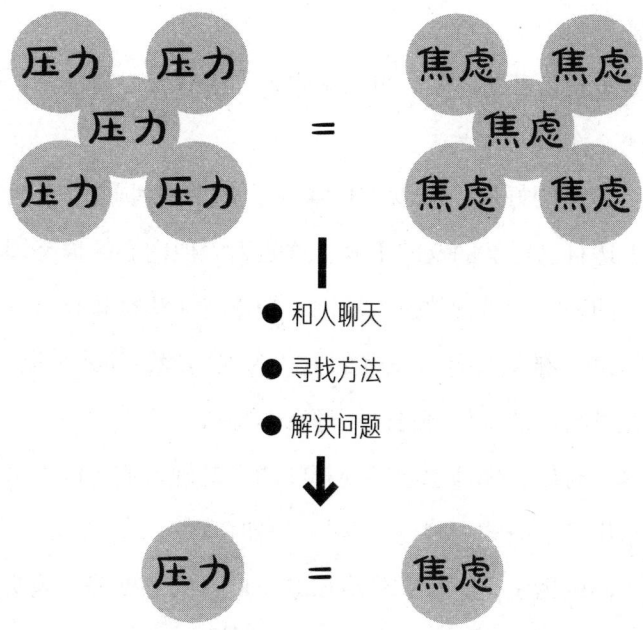

焦虑随着压力的减少而减少

　　事实上这个时候的你非常感性，你能明辨是非，知道对错，根本不需要别人堂而皇之的建议，你需要的只是一个能说到你心里去的人，需要一个人以合适的方式、以你想要的口吻把你心里的想法说出来，帮你确定一下自己的决定。

　　这样你会觉得，我释然了，我解脱了，因为他们和我一样，也是这么想的。

　　但如果这个人站在上帝视角絮絮叨叨，或者拿出自认为理性却与你的想法背道而驰的劝告，你就会感到压力倍增，你的烦恼再次加重，因为你被否定了。

你觉得自己更加焦虑了，一同而来的，还有深深的孤独、无助感。

参考着自己的体验，再去想想，如果有人心情极差，被烦恼裹挟，你该怎么做？

比如你的好朋友和女友吵架了，他怒气冲冲地来找你倾诉，表达自己对女朋友的不满，这是因为他内心的愤怒即将挣脱内心的理智，尽管他极力压制，却始终无法排解自己内心的暴躁情绪。他需要你以正确的方式为他的理智注入一股力量，希望通过与你的合作将自己不理智的想法拉住。

这个时候，你却摆起了硬邦邦的大道理，或者以过来人的口气给出了说教式的建议，这是不合时宜的。

正确的做法是，你首先应该拿出诚恳的态度静静地听他说话，把自己置换到他的心境中——如果是我，遇到这样的事情，我会产生怎样的情绪，出现什么样的想法？

这个前期过程，最好不要追问他"为什么"："你为什么会因为这件事烦恼？你不觉得自己很傻吗？"不要这样说，也不要急于对此做出自认理智的判断。

你应当给对方一定的时间，让他把内心处于激荡状态的情绪发泄出来，让他充分倾诉自己的心情和感受，这样，对方的理智才能回归主位。

当他的理智回归主位，你再试着从他的角度出发，接纳他那些不太理智的想法："我懂你的感受，如果是我大概也和你一样，但是……"

换位 思考

观察对方的反应，如果他对"但是"这个词语没有微表情上的抗拒反应，那么，就可以以温和的方式、诱导性的话术，从理解对方心情的角度出发，给出那个其实他内心已经想好的答案。

"但是，我们置换一下角度，如果你是她，处于当时那样的情境下，会不会也会失去理智，说出不该说的话，做出不该做的事呢？"

"其实她除了脾气差点，对你真的不错，我能理解你的感受。"

……

需要注意的是，很多人在安慰别人的时候，总是喜欢迫不及待地表达自己的意见或见解。不要这样做，因为你倾听得还不够全面，你不能完全把握对方的心理状态，也不能将是非完全分清，很容易给出错误的、带有偏见的看法。

你要做的，是真正拿出倾听者的姿态，站在对方的角度上审视他所面临的整个问题。

第 **4** 章

可控气氛热处理：
好好接话的破冰行动

说话要应景，不分场合就是砸场子

两个老朋友平时喜欢开玩笑，几天没见就相互打趣。

"呦，你还活着呢？"

"那必须啊，我得好好活着，等着给你送行。"

二人一阵嬉笑怒骂，算是彼此的寒暄方式。

这天，甲生重病进了医院，乙满心关切前去探望，结果一见面，甲刚问了一句："你来了？"

乙就习惯性地接了一句："呦，你还活着呢？"

甲倒没什么，知道乙是无心之失，但脸色依旧难看起来。

可是甲的家人不干了，心想：我们还在医院躺着呢，你跑来说这样的话，你这是诅咒谁呢？

于是毫不客气地将乙请了出去："医生说了，老甲需要多休息，没事您请回吧！"

待乙离开以后，人家还不忘啐了一口："呸，这是个什么东西！"

乙是无心之失，这一点可以确定。

乙没有恶意，这一点显而易见。

大家懂，但并不代表大家都能够接受。

乙被撵了出去，是因为他在不合时宜的场合，说了不合时宜的话，触了人家的霉头。

说话要分场合，不分场合胡言乱语，那就等同于砸场子。

有些人就是这样，他们待人很实在，遇事心直口快，以为有什么就该说什么，既不懂得应情应景，也不会去看眉眼高低，结果冒犯了别人，自己却莫名其妙：我咋的了？这帮人事儿真多。

他们完全不知道自己的毛病出在哪。

心理学告诉我们：同样的话放在不同场合、不同环境中说，人们会产生不同的感受、不同的理解，并表现出不同的心理承受能力。

比如，批评和劝告这种事，你私下说，对方往往不会出现太大抗拒，他的承受能力会更强一些。但你要是在大庭广众之下，对人发起公开批评，对方很可能就会跟你翻脸。

对于这类人而言，急需改变的是自己的谈吐习惯，要懂得根据场合、环境以及特定人际关系对于说话内容和方式的特定限制，时时刻刻别忘记"到什么山上唱什么歌""看人下菜碟"。

这就需要在沟通前预先做好功课，亦即应努力做到在每次参加社交活动之前，把活动背景、场合、人物关系尽量搞清楚，然后考虑自己的交际目的，顾及他们的场合心理，依此斟酌自己的说话内容和说话方式。

也就是说，不管你是不是个场面上的人物，只要你还参加社交活动，那就一定要在思想上强化场合意识。

另一方面，你应自觉约束谈吐上的惯性。

人在说话时是带有一定习惯性的，有时候明知道有些话、有些词语在当下场合不该说，结果嘴巴比脑袋来得快，受习惯支配一不留神就脱口而出，脑子里即使随即闪过追悔的念头，也没有什么用了。

话已出口，覆水难收。一些口头禅、粗俗的话头平时和至交好友闲侃时用用也许无伤大雅，但在正式、庄重或沉痛、悲伤的场合使用就不合时宜了，必须极力杜绝。

在参加交际活动时，你必须将交际场合、交际对象、交际时间等种种因素做一个整合思考，想清楚自己该用什么样的方式说什么样的话，才能使自己说出来的话既符合场合要求，又符合对方的心理期待，以达成最好的沟通效果。

激发心灵共颤，让陌生感消失不见

　　我们设想一下，假如你在火车上已经枯坐了很久，极想找个话伴来打发这无聊的时光。你想与身旁的姑娘聊聊天，却又不知如何开口，这时，你应该尽力使你的搭讪显得趣味十足。

　　你搭讪道："这趟列车真无趣，你是否也有这种感觉呢？"

　　"是的，真无趣。"

　　她同意你的看法，但语调中显然充满应付的意味。

　　"但要是身边坐着一位气质脱俗的姑娘，就不会嫌路途太长了。"

　　"呵呵！"她对你的夸赞表示不屑。

　　这时如果你再强说下去，必然是要自讨没趣了。

　　然而，假若一个话题令她感兴趣，那么无论她是如何高冷的人，也会发表一些看法。因此你在这个时候，思考一番后，又重新开始了。

　　"刚才车上放的歌曲真不错，"你说，"北京最近将要举办一场演唱会，听说是周杰伦的个人专场！"

坐在你身旁的姑娘转过头来。

"你觉得周杰伦的歌唱得怎么样？"她问。

你回答："我很喜欢听他的歌。"

"你喜欢听哪首歌？"她追问。

由此可见，她是个杰迷。

那么你可以说："我很喜欢听他的《青花瓷》。他不仅歌唱得好，还很有才华！"

姑娘感觉遇到了知音，与你滔滔不绝聊起周杰伦，继而延伸到工作、生活。

以共情的态度来试探对方的兴趣所在，这就是心理学中所说的"共鸣"，也叫"移情"。

特定条件或事件下的共鸣情况

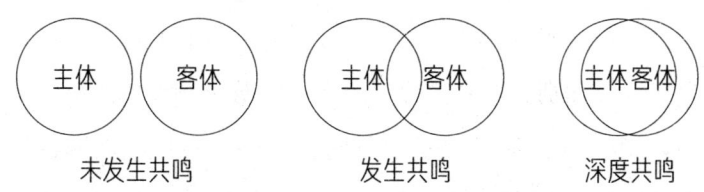

与素昧平生的人搭讪，对方免不了心存戒备，甚至心怀敌意。故而在人际交往中，尤其是初次交往时，尽量使对方放松心情，消除其心理戒备，是首先要解决的问题。

老话讲，"酒逢知己千杯少，话不投机半句多"。在初次交往时，如果不能打开对方心锁，就没有更进一步的可能。

要冲破对方的"警戒线"，首先要做到的便是，使对方对你的话题感兴趣。

循趣生发，往往就能顺利引发共鸣。因为对方最感兴趣的事，总是他最熟悉、最有话可说、最乐于谈的东西。

最基本的操作手段便是从具体情况出发，察言观色，以话试探，寻求共同点，抓住共同点就等于是找到了彼此之间可以沟通的桥梁。

如果你们之间的交谈难以找到共鸣，甚至出现话不投机的情况，为了避免出现较为尴尬的局面，那就要拿出高姿态，求同存异，或是检讨自己的不妥之处，表示歉意。

如果对方说话似乎有些隐瞒，吞吞吐吐，心存顾虑，那就没话找话说，找个合适的话题，以此来引起对方谈话的兴趣。

一般来说，初次见面，你可以就时下人们所共知的社会现象、热点问题谈谈看法，但个人私生活问题不宜交谈。

人常说，见什么人说什么话，到什么山唱什么歌。人们因为年龄、性别、性格、脾气的不同，对事物也各有不同的看法和认识。各人所处的地位不同，对同一事物的理解也是有差异的，换位思考就是要根据各种人的地位、身份、文化程度、语言习惯等，来做不同的应对与处理。这就是"对症下药，激发共鸣"，百试不爽。

对方说的车轱辘话，正是他此刻急需的表达

一个人反复强调的话，一般就是他此时内心急需表达的想法。

他不方便直说，他又怕别人听不懂，或者没有理解他这句话的含义，所以他要多强调几遍，以引起别人的注意，让别人领会并去参悟。

换个角度去想，当你非常在意一件事，或者有一个非常重要的决定或想法需要表达时，你是不是也会反复地去琢磨、反复地去思考、反复地去强调，直到达到自己的目的为止？

讲个重要的知识点——反复强调，来源于内心的不确定性和追求外在认可。

人的行为、表情和肢体语言会暴露他内心深处潜藏的思想，除非他经过专业训练，懂得深度矫饰，否则很难彻底掩饰。

所以当你发现一个人反复强调一件事、一个话题、一个想法时，就要明白他认为这件事很重要，他此时有倾听的需求，但是他认为自己没有被认真倾听，没有得到他想要得到的回

应，他是在对你发出提醒。

如果你发现一个特别亲近的人，比如我们的挚友、我们的妻子（丈夫）、我们的孩子、我们的父母有心事，可 TA 却对你闭口不谈，一遍都不愿意对你讲，那又说明什么？

TA 的心门已经对你关闭了！这是不是一件很悲伤的事情？

及时回应爱的人很重要。

当你的父母反复对你强调一件事的时候，不要嫌他们唠叨，要马上回应他们。

"我知道了，放心好了，这件事我马上就给你去办。"

"我知道了，我马上就把棉裤穿上。"

当你的妻子（丈夫）反复强调一件事或者一件东西时，尽量马上回应 TA。

"我听懂了，你别着急，我马上就办。"

　换位 思考

"你喜欢××啊，走，我陪你去买。"

当孩子不时地"无意"间提起一个问题时，别忽视，耐心诱导他说出来。

"你有什么话，完全可以跟爸爸（妈妈）畅所欲言，让我们一起来解决这个问题好不好？"

"是有人在学校欺负你吗？没关系，有这种事情一定要跟爸爸妈妈说，爸爸妈妈会为你撑腰的。"

当有人一遍遍跟我们讲一些事情，或者一遍遍交代什么，又或者一遍遍提一些建议时，我们应该有所觉悟，不去从那个絮絮叨叨令我们心烦的部分去回应，而是马上换位思考，透过 TA 表面的啰唆，感受 TA 内心的急切之情，然后尝试给予 TA 这样的回应："我听到了，明白了你的诉求，我能理解你的心情，谢谢你这么信任我，你看我们这么办好不好……"当我们表现出理解、认同、接纳的态度，给予对方理性、肯定、实际的回应，接住对方的情绪，感受他的感受，回应他的需求时，对方便知道，自己已经得到了认同。

你在对方心里，便成了一个重要的人。

帮对方重复强调观点，做气氛的调解员

大高的上司做事雷厉风行，但有时不免随心所欲，布置任务疏于细节，而这样的情况经常会让下属多做一些无用功。

但没办法，人家是老大，多数人敢怨不敢言。

即便偶尔有人站出来指正，也会被独断的上司扣上一顶大帽子："别人都没问题，怎么就你事儿多？我看你是想给自己找个"正当理由"偷懒吧！"

好嘛，这样一来，大家更不敢说话了。

大高主要负责公司销售产品的附加赠品发放，原本公司规定，赠品发放只需通过票据确认即可，无须详细备案。

突然有一天，上面一纸命令，要求从通知下达之日起，所有产品附加赠品都必须详细登记领取明细。

上司马上将大高叫到办公室："这是老总下发的命令，你看一下，然后把今年所有已经发放的赠品做个明细让领取人补签。"

大高头都大了，立马反驳："之前没有这项要求，哪有那

么详细的记录，再说一下子补这么多，你让我去哪里找人，我去找谁补签？"

上司立马不高兴了："不然呢？这是老板的命令！"

说完挥挥手，把大高赶了出去。

站在大高的角度上说，老总要求的是从命令下发之日起，开始登记赠品明细，所以之前已经发放的赠品即便不去补签，也是符合要求的。他的确不该承担这么多的额外工作。

如果他能够好好接话，选择正确的商谈方式，也许上司会改变主意。

但是，他一时情急，选择了最错误的方式——直接表达自己对这项命令的不认可。

站在上司的角度上，在他看来，他被下属当场顶撞了！

这个时候，自己下达的命令是否合理已经不再重要，重要的是，下属顶撞了自己！这是一种公然的挑衅，不可忍，绝对不可忍。

所以大高的理由上司根本不予考虑，甚至连继续沟通的机会都不给，直接将大高赶了出去。

回去以后，大高痛定思痛，深刻反省了自己，也觉得自己太莽撞了，他决定再找上司谈一谈。

大高来到上司办公室，谦逊了很多："老大，不好意思，又来打扰你了，之前您是让我将今年的所有赠品备录在案，找所有领取人补签是吧？"

大高将上司的观点重复了一遍。

"是的，这是老总要求做的！"上司语气生硬。

"不好意思，我再问一下，您是说，老总要求我们将今年所有的赠品都重新备案，并找到所有领取人补签，是吧？"

大高又将上司的话重复了一遍，态度诚恳，语调谦逊，然后他开始安静等待上司的回复。

重复对方的话，背后常带有这样的含义：出于尊重与负责的态度，我需要您帮我确认一下您的意见。

每当你重复对方的话语时，对方都会重新斟酌、考虑自己的意见是否存在不妥之处，他不会马上回答你，而是会思考一下。

如果你不是重复他的话，而是直接问："你这句话到底什么意思？"

那么即使你语气平缓，对方也会感觉受到了冒犯，他会因此愠怒，或是对你产生戒备心理。

而你正确重复他的意见，不但表示你对他的意见很关注，同时也是在向对方传达这样的信号："我并非有意冒犯，我对您表示尊重。"

而这个等待回复的时间，叫作"等待神奇发生的时间"，因为人有这样一种心理惯性，就是当听到别人重复自己的话语时，就会不由自主想要给对方解释一下自己这么说的原因。

"没错，我们需要将今年所有的赠品做好备案，方便老板进行审计。"

上司开始向大高解释这么做的原因。

大高佯装思考了片刻："老大，原来我们备案所有赠品，就是为了方便老板的审计，对吧？我现在才理解到您的苦心。"

上司沉默了，以前他在下属面前很少出现这种状况，大高就安静地等着。

"其实老板要求的是，从命令下发即日起开始备案登记，你就按照老板的原意去做吧。"上司口气异乎寻常的平和。

很显然，大高成功地拿下了这局。

重复对方的观点，是一种非常不错的沟通方式。

采取重复的方式来诱导对方，强调你对他的尊重，并迫使对方持续说话，可以动摇他原本根深蒂固的偏见，同时为自己赢得重新思考策略的时间。

接下来，你可以把他的想法拆解开来，循循善诱，挖掘他心底真正的想法，并将其引导到你的构想上来。

事实上，在气氛不太和谐的沟通中，我们有时不宜表达太多自己的观点，否则会促使对方产生戒备心理和抵触情绪。我们可以只重复对方的话，即便他说的是大话、气话、浑话、错话，都可以重复，然后再留一些空白时间给对方，对方的情绪自然会得到缓冲，等他理智归位，沟通自然也就可以顺利进行下去了。

你给他七分得意，他还你十分如意

有一对夫妻结婚十余年，因为身体原因，一直没有孩子，因此二人养了一只萨摩，并将其视为寄托，疼爱有加。

某日一位朋友的朋友登门拜访，事实上她是推销保险来的，但她并不知道这对夫妻对保险十分抗拒。

她进门以后，寒暄片刻，便谈起了保险的重要性，结果夫妻二人一味简单敷衍，要不是看在共同朋友的面子上，恐怕都要起身送客了。女主人将她晾在一边，转而去逗小狗玩。

保险员心知此时不宜多说，也不宜久留，她起身正准备告辞，却在这一瞬间发现女主人在逗弄小狗时眼中流露出满满的怜爱与柔情。

于是她迅速调整体态，轻盈地走到女主人身边，蹲下身子："你这只萨摩长得可真漂亮，你养得真好！"

女主人的态度有所缓和："你也喜欢小狗。"

"是啊，我以前也养了一只萨摩，养了好多年，一直到它老去，当时我还因为它走哭了好久呢。"保险员说到这里，神情也跟着黯淡下来。

"那太可惜了，你养的那只萨摩也一定很漂亮吧？"

二人之间开始有了共同话题。

"是啊，很漂亮，但还不及你这只。一看它的毛色、体态、骨架、眼睛、鼻尖，就知道您这只萨摩的血统一定很纯正。"

女主人惊讶了："你还懂这个？"

"是啊，因为我以前也养萨摩嘛，所以看过很多关于萨摩的资料，萨摩的祖先其实是西伯利亚狼，纯种的萨摩基因与狼极为相似，没有一点其他犬种的血统，经过训练后战斗力甚至不逊色于狼……"

女主人瞪大了眼睛。

"对了，您这只一定是价格昂贵的血统级萨摩吧？"

"不是呢，我这只是赛级萨摩。"

"是吗？那我可分辨不出来，我没见过这么好的萨摩呢。看它多漂亮，您这喂养得也太尽心了吧？"

女主人喜笑颜开，滔滔不绝地讲起了自己的养狗经。

就这样，两个人越聊越投机，甚至把男主人晾到了一边。

最终，女主人对男主人说："老公，要不咱们也买一份保险吧，顺便给咱家宝宝买一份宠物险。"

男主人一脸无所谓："咱家你管钱，你说了算。"

每个人都有自认为得意的事情，至于这件事本身究竟有多少真正价值，那是另一个问题，关键在于，在他本人看来，这件事非常值得夸耀，他非常希望这件值得夸耀的事情得到别人的肯定。

如果你能把握住这个点，在有意无意之间，很随意地触及他得意的事情，只要他不是对你这个人有很大成见，只要他当时没有受到其他额外的负面刺激，在情绪正常的情况下，他一定愿意和你聊下去。

当然，推崇也需要一定的技巧，不要过分推崇，叫人一眼便看出浮夸，那就不好了。

你该一面倾听，一面随口插入几句推崇的话，使他认为今日似乎遇到了知己，如此一来，即使他是个异常理智的人，在今日也会变得莫名兴奋，他对你的好感度会暴增。

你需要再察言观色，抓住机会，不露声色地暗示你的想法，这时，你的想法已经成功了一大半。

接下来，就要看你的后续表现了。

不过，对方得意的事情并不一定都表现在脸上，我们又该如何探寻呢？当然可以另辟蹊径。比如，在你交往的朋友中，有没有人与对方关系不错？如果有，这便是一个你可以利用的"间谍"，你只需去打听即可。

如果对方是一个有身份有名气的人，可以看看新闻、报纸、自媒体、微博上关于他的解读和评论，找到他心中在意的那个点，平时牢记，时常分析，等到见面，便可用出效率。

不过应时常更新信息，留意对方心中甚为得意的那个点近期是否遭遇了挫折和打击，已然荡然无存。倘若不关注这种情况，那便容易拍马拍到马蹄子上，引起对方的愠怒。

不伤人的回击，也会成为交往的契机

　　数九寒天，沈阳的一家小酒馆门上挂着厚厚的棉门帘保暖，这就给人出入造成了一定的不便。

　　由于进出的顾客被遮挡了部分视线，如果两个人同时掀帘，轻微的擦碰在所难免。

　　这天，一位帅小伙正掀帘子准备进去，恰巧室内一位漂亮的女孩也掀帘准备出来，两个人同时伸手迈步，差点撞了个满怀。

　　姑娘一惊，急忙收脚，结果脚下不稳，身子就是一个趔趄，小伙手疾眼快，连忙上前一步拦腰扶住。

　　这个姿势在外人看来就有些暧昧了。

　　姑娘又羞又怒，脱口而出："放开！大白天你要什么流氓，走路不用眼睛啊？"

　　小伙子看了姑娘一眼，微笑着说："对不起，我的确没有用眼睛走路，我是用脚走路的，刚才情急之下冒犯到你了。"

姑娘也知道自己有些失态，原以为小伙子会对自己怒语相向，心中还有些忐忑。结果小伙子这么一说，姑娘有点蒙了，反应过来，随即"扑哧"一笑，回了句："你这个人真有趣，其实我也有责任，刚才应该谢谢你，骂你是我不对，我真心跟你道歉。"

小伙子爽朗地一咧嘴："嗨，道什么歉，反正我也整天挨骂！"

姑娘诧异了："为什么？"

小伙子不胜唏嘘："唉，我爸妈整天催我找对象，一言不合就骂骂咧咧，我这不出来躲躲嘛。"

姑娘有了一种同病相怜的感触："唉，我爸妈也是。"

大家觉得，在这个事情中，小伙子对姑娘的斥责有没有反击？

事实上是有的，只不过他的反击是友好的。他用自己的幽默，巧妙地告诉姑娘，这里有道帘子挡住了视线，我们都不是有意冒犯对方，向姑娘暗示自己对她的理解和尊重。

姑娘也不是不讲理的人，有了台阶，自然要下，一场不必要的争执就这样避免了。

先承后转，在自我打趣中暗藏玄妙，化干戈为玉帛，这种方法很适用于一些不适宜冲突的场合或人物。

比如我们在职场，有时会受到上司刁难，当然他可能是无意的，但你的确受到了伤害，很生气，面子又过不去。

又比如你是个有身份的人，不宜在公众场合当众与人发生言语冲突，或者不宜直接驳斥别人的意见，但心中属实憋气。

这种时刻，咱们可以暗中来个深呼吸，调节一下心态，然后顺着对方的思路，抓住对方话语中的 BUG，以漫不经心的口吻自我解嘲几句，内涵出一个留足余地又带点锋芒的结果。

这样一来，不光暗中为自己扳回一城，而且既缓解了尴尬局面，又活跃了现场气氛，即便是对手，想必也会悄悄地为你点一个赞。

此外，如果我们对自己的幽默手法缺那么一点信心，不妨借鉴一下孩子们的幽默方式。

假设有这样一个场景，一群朋友经常来你家吃饭，你的妻子对此表示了强烈不满，但你这个人爱面子，你无可奈何。

这天，朋友们又来了。你要求孩子向客人们说几句欢迎的话，但他不愿意，他说："我不知道该说什么。"

一位客人开始打趣："想想你妈妈是怎么欢迎我们的就可以啊。"

孩子想了一下："我说老李，你们就不能换个战场吗？我上一天班还要给你们做饭，很累的。"

此话一出，大家的反应会是什么样的？

想必是哄堂大笑。然而笑过之后，他们也会反思自己的行为是不是给别人造成了各方面的额外负担。

这就是孩子式的幽默，在真诚中带着一点懵懵懂懂的憨直气息，你也可以理解为大智若愚式的装傻。当你以毫不修饰的方式"傻乎乎"地道出自己心中真实的想法时，同样可以为自己赢得好感，同时，也能够帮自己解除或缓解尴尬局面。

当然，不管你采取哪种幽默，看准对象很重要，如果对方是一个不懂幽默，或者跟你有仇又特别较真的人，还是别白费力气了。

另一方面，对于幽默的时机、素材、场合、情境等要做综合考虑，此外，临场还要能做到随机应变，这是关键。

满足别人的尊重需求，实际上是一种反向操控

阿尔法是一位知名的魔术师，经常在世界各地巡演，所到之处，观众无不被他神奇的表演深深吸引。

阿尔法退休的那场演出，有一位记者花了整整一个晚上待在他的化妆室里，希望给阿尔法做个专访，探寻出他成功的秘诀。

阿尔法告诉记者，关于魔术的秘密，光上市的书就不止几百本了，其他顶尖魔术师和他一样都懂，有的甚至懂的比他还要多，他的成功并不是因为他有什么不为人知的秘密。

随即，阿尔法神秘一笑："但我有两样东西，别人没有。"

记者被吊足了胃口，眼巴巴等着阿尔法揭秘，阿尔法觉得差不多了，这才神秘兮兮地说道："作为一个表演大师，我首先要懂得换位思考。你有时间可以看看我以前的演出，我的一举一动、每一个语气、每一个手势、每一个面部表情，事实上，我都反复试验、演练过无数遍，我务必要给观众最好的观

赏体验。"

记者回忆了一下，竖起大拇指："您这一说我才发现，还真是这样，怪不得您能成为大师中的大师。"

阿尔法摇了摇头："这并不是最重要的。最重要的是，我懂得尊重观众。"

记者显然有些蒙："谁敢不尊重观众？"

阿尔法又摇了摇头："不一样。很多魔术师看到观众的时候会对自己说，坐在底下的是一群笨蛋，我有足够的本领把他们骗得团团转。事实上，他心底的想法会通过他的微表情表现出来，观众并不是笨蛋，他们聪明得很，他们能够感受得到。"

"但我不是这样。"阿尔法接着说道，"我每次上台前，都会叮嘱自己，台下的那些人是我的上帝，他们看我表演，是希望我把最精彩的节目送给他们，他们可不傻，他们可以感受到我的表演是否尊重他们。"

"所以我无时无刻不在告诫自己，你要认真认真再认真，你只有让他们感受到尊重，你的表演对他们来说才有吸引力。"

人的性格当中，都有一个共性：需要得到别人的爱和尊重。每个人的内心深处都有一份价值意识，他们希望被看重，希望维护自己的尊严。

谁忽略了这个共性，伤害了这种心理，谁就会失去那些人。

简单的道理就是："爱人者人恒爱之，敬人者人恒敬之。"事实上，在与你对话的那些人中，有相当一部分人是非常敏感的。你以怎样的态度对待他们，他们顷刻之间就可以察觉出

换位 思考

来。居高临下，盛气凌人，对人指手画脚，颐指气使，这样的人，即便别人当面不反驳，心里也一定是骂骂咧咧的。

所以在人际交往中，我们要注意以下三点。

第一，在与别人交谈的时候，不评判，不说教，不要随意代入自己的故事。

很多时候我们听别人倾诉，总是忍不住想去指点江山，说教对方，用诸如"你应该这样……""你这样做如何如何不对""我要是你我会……"等句式。

我们觉得自己的想法是对的，当然，我们的想法也可能是对的，但我们忽略了对方在被说教时的感受。

如果别人感受到你在对他说教，事实上，你的建议不但不会有任何作用，反而会激起别人对你的厌恶。

因此除非对方主动请教，否则自己尽量不要拿出指教的姿态。

第二，让对方感受到自己正在被你理解和关注。

真正被倾听和理解，是别人愿意接受的最好礼物。

当你感受到对方的情绪和心境有些糟糕时，拿出你的真诚，让他知道他正在被你理解和关注，他自然会为你敞开心扉。举个例子：

假如你是一位老板，你想推行一份方案，可是你下面一位主管不愿配合，因为他担心自己的团队成员会对自己产生不满情绪。

那么你可以这样说："我听你几次提到要参考基层员工的看法，我可以感受到，你是一个非常关心下属、非常热爱自己团队的主管领导……"

你这样一说，他便能够感受到你已经为他做了换位思考，你准确体察到了他现在的心境，他知道自己的意见是被尊重的，他会愿意对你做出解释。

听完他的解释，你便可以循循善诱："兄弟，你也做个换位思考，如果你是你的团队成员，在公司下达新政策规定的时候，心里会怎么想？他们会希望自己的上司如何去和他们沟通？"

你给了他尊重，又给他指明了方向，他便没有借口，也不好意思再推诿和抗拒了。接下来，他会想方设法去展现自己的才能。

第三，赋予对方沟通中的操控感。

人性是向往自由的，没有人喜欢被操控，但人同时又喜欢操控别人。所以当你有某种想法需要别人的配合时，你不要提要求，而是去请教对方：你觉得我这样做可以吗？你是否可以为我提供一些帮助？让他觉得，这场谈话的主动权在他。

你如果想给别人一些建议，你永远不要说："你这样做不对！"而应该说："我明白你的想法，我也有一点看法，你是否愿意和我聊一聊？"这看似你把主动权赋予了别人，但其实你掌握了真正的主动权。

第 **5** 章

好感度的增进：

关系微妙，要靠投其所好

兴趣点是打通关系极好的切入点

　　大刘想将自己的产品推给一家星级酒店，这两年他一直在打这个主意，为了能够得偿所愿，他几乎每个周末都去制造机会接触这家酒店的老板。

　　例如，当他听说对方要去参加某一社交活动时，便一定会尾随而去，制造一种"偶遇"的假象，然而，对方似乎对他很不感冒。

　　最后，为了赢得对方的好感，他甚至在酒店长期包下一间客房，只为拿下这笔大生意，然而，他仍然未能打动对方。

　　坐在酒店的房间里，大刘苦思冥想：我到底哪个地方做得不到位呢？但百思不得其解。

　　结果，在听商业课程的时候，导师的一段话突然间触发了大刘的灵感。

　　导师说：要想接近一个人，最快捷有效的方法就是找到他的兴趣点，能达到志同道合，关系也就到位了。

　　大刘动用自己所有的关系网，开始查询对方的兴趣轨迹。

最终让他发现，这位老板是本市的旅游协会会员。

事实上，他不但是会员，而且因为热心推进协会业务，做出突出贡献，又被推选为该旅游协会的副会长。

在荣誉的加持下，只要协会举办大型活动，不管他有多忙，他都会尽力抽身前去参加，哪怕只是去露个面就匆匆返回，他也会感觉非常满足。

于是，大刘退掉了客房，加入了本市的旅游协会，并且积极参加协会组织的各项活动。

两个月后，再次见到对方时，大刘绘声绘色讲起来自己这段时间的旅游心得。对方果然被打动，开始与大刘侃侃而谈，向大刘讲述世界各地的风土人情，并逐渐谈到了本市的旅游协会。

他说得眉飞色舞，神采飞扬，此时即使对他不熟悉的人也能一眼看出，这位老板的兴趣是旅游，旅游已经成了他生命中的一部分。

最后，在大刘与他告别时，这位老板甚至还邀请大刘加入他们的旅游协会，当他得知大刘已经是旅游协会会员时，眼神瞬间更加明亮了。

这段谈话，自始至终，大刘都没有谈生意上的事情，但没过几天，那家酒店的采购部经理就主动给大刘打去了电话，希望他将产品的价格报表和样品送过去。

结果可想而知，大刘终于得偿所愿，并和对方签下了长期合作协议。

坦白讲，大刘真的那么喜欢旅游吗？未必！那他加入旅游协会的目的是什么？当然是谈生意。但他如果还像以往那样，张口就去谈合作，结果肯定铩羽而归。

好在大刘掌握了新的沟通密码，他掩盖自己的真实意图，"曲意"去迎合对方的兴趣——成功，有时就是这么简单。

每个人都有自己的爱好和需求，并且都希望能够得到满足，这是人性的弱点。一旦有人抓住了他的"弱点"，他就会对对方产生好感，并且也愿意在能力范围内满足对方的需求。

换言之，谁懂得尊重并满足别人的爱好和需求，他本身的爱好和需求大体上也能从对方那里得到满足。

这里其实运用的是心理学中的"情感共鸣"原则，以此归纳出一种满足对方需要的方法。它的关键点在于，你要寻求到彼此利益的共同点，继而根据对方的需求，有意识地迎合对方，使彼此能够快速进入共同话题。

如何提高共情力

体验共情 → 表达共情 → 顺势引导

等到对方关系进步，时机成熟，再提出自己的想法或要求，取得对方的认可和接受，从而达到自己最初的目的。

换位 思考

面子问题要注意，否则便是大问题

你去餐馆吃饭，一进屋就吆五喝六，生怕别人不知道你来了似的。

你觉得自己是来消费的，就应该享受"大爷"一般的待遇，你坐在那里喋喋不休，将服务人员指使得团团转。

你一顿饭吃下来，肯定会有些不好的体验。

原因很简单，即便大家都知道顾客就是上帝，即便你也不是全无道理，但服务人员依然不会全心为你服务。因为他们觉得被你轻贱了，你伤了他们的面子。

你吃完饭，准备回家，一位很有能力的下属，因为工作中出了一点小问题，打电话想找你请教一下，你借着酒劲，大声斥责："这么点事儿都办不好，你真是废物他妈给废物开门，废物到家了！你还能不能干？"

下属当即表示："我干不了，您另请高明吧！"

就这样，你失去了一个左膀右臂。本来他是能做好的，他只是想向你请教一下，但现在他不做了。

因为你伤了他的面子。

你非常郁闷，为什么今天做什么都不顺？快到小区的时候，你遇到一位遛狗的老客户，两个人闲聊几句。

客户的狗对你龇牙咧嘴，作势欲扑，客户呵斥，你也跟着呵斥，结果把狗惹急了，真要往上扑，你酒精上头就势踢了一脚。

你这一脚将客户与公司的合作直接踢黄了，对不起，一切都结束了，不会再有下一期了。

因为你忘了打狗也要看主人，客户觉得你没给他面子。

国人一向将面子看得极为重要，所以常说"人活一张脸，树活一张皮"。

也因此，很多时候，是非对错往往排在面子之后。

你让别人觉得非常有面子，哪怕你说得不太对，你说得也对！

你让别人丢了面子，你说的是事实，哪怕你说得很对，你说得也不对！

换位思考下，假如有人经常与你为难，时常让你没面子，即便他是无心之失，你还会与其进行深入交往吗？

你不找他麻烦，已经说明你很善良了。

你务必记住一点，在社交活动中，给人面子是最重要的投其所好，也是对人一种最起码的尊重。

面子这个东西，在我们的社会生活中，几千年来就像货币一样流转着，你给别人面子，别人也会给你面子，大家一起维护面子，面子兜兜转转，人际关系就圆润了。

这是国人之间非常有意思的一种交往方式。

想要把面子这门学问做到位，牢记以下三点。

第一，学会放下面子。

人活着，总得有低声下气的时候，强如刘邦，不也曾在项羽面前低眉顺眼吗？所以说，识时务者为俊杰。

你想拥有四通八达、为我所用的人脉，就要让"放下面子"成为生活的一种常态。

譬如你想结交需要结交的陌生人时，你须放低姿态，主动去攀谈、寒暄，并且尽可能放弃自己的立场，主动去迎合对方的话题；

又比如你想与人长久合作，就不能唯我独尊，你需要放下身段，主动商谈、主动让利，在守住底线的前提下，尽量使人满意；

再比如你身在职场，你总要学会一些左右逢源、相互抬举的方式。

凡此种种，不胜枚举。成年人的世界里，放下面子是生活的常态，万不能孤芳自赏，否则你这辈子也就这样了。

第二，学会给人面子。

再次确认一下：你觉得面子到底是什么东西？

其实就是尊严。

说白了，你得学会维护别人的尊严。

如果你把别人的尊严问题看得很淡，那么你必然不会受人欢迎；如果你只顾自己的面子，忽略别人的面子，那么一定有人在暗中与你较劲。

所以我们在社交活动中，在做到自己有面子的同时，也千万注意不要去触碰别人的尊严。

大体在以下几个方面，你应有所警惕：

1. 识破不点破，面子上好过；
2. 尴尬的时候，要知道给人台阶下；
3. 批评的时候加点糖，让对方面子过得去；
4. 拒绝的时候要巧妙，给人面子留余地；
5. 任何时候都不要忘记满足别人的虚荣心。

第三，会向人要面子。

你光懂得给人面子不行，你也不能完全没有面子，单方面的恭维或是付出形不成有效社交，你得学会去要面子。

倘若你有事相求，请友人赴宴，对方推诿拒绝。你不应该也没道理怒发冲冠，从此和他老死不相往来。你要去要面子，你要说看在多年交情的份上，给我一个面子。只要他顾及交情给你面子，赴了你的宴，吃了你的饭，你成功说服的概率就大增了。

另外需要注意一点，给人面子也要恰如其分，你可以给身处低位者极大的面子，但绝不能给位居高位者微薄的面子。位居高位者给你面子却未受到与其身份匹配的待遇，便是极伤面子的事情。

坦诚应该是你的风格，而不是你的表达

　　小美去商场买鞋，售货员的态度极好，不停地为她介绍款式，一双又一双地帮她试鞋，但偏偏，小美看中的那款找不到合适的鞋子。

　　售货员没办法，很抱歉地说了实话："对不起美女，店里没有合适您的鞋子，您的一只脚比另一只脚大。"

　　小美很生气："你脚才畸形呢！"

　　说罢气咻咻地站了起来，转身便要走。

　　恰巧这家鞋柜的店长前来换班，目睹了整个过程，于是忙叫小美留步，上前道歉，重新介绍，结果没多久就成功卖出去了一双鞋子。

　　售货员很诧异，在小美走后问店长："姐姐你是怎么做到的？我刚刚态度已经很好了，结果还把她惹生气了。"

　　店长笑了："我和你说的话不一样，我说的是，她的一只脚比另一只脚小。"

　　店长和售货员说的话意思不一样吗？显然是一样的。

但店长站在了小美的角度上，充分考虑了小美的心理感受，给予了她足够的尊重，所以同样的意思，带来了不同的结果。

生活中很多人都像售货员一样，他们总是有话直说，不会拐弯抹角，简单来说，就是直性子。

他们觉得这是坦诚。这种坦诚可能会得到一部分人的喜欢，但同时，也会经常惹怒一些敏感的人。

事实上，坦诚固然是种好品格，但坦诚的话并不一定要直白地讲出来，委婉地讲出来说不定效果更好。比如你所在的团队，有人提出了一个不太合适的建议，你一定要坦诚地讲出来吗？

如果你懂得换位思考你就会明白，每个人都希望自己的观点或建议得到认可，每个人在不被认可的时候都会出现逆反心理，那么"坦诚"在这个时候就极有可能成为导火索，引爆对抗、纷争和矛盾。

如果你换个方式表达你的坦诚，结果可能就不一样了。

其实这个技巧的关键就在于我用恰如其分的方式说出来，让他接受并感到舒坦。

如果你这样讲：

"××的建议我觉得非常好，细致周详，想法成熟，我也有一点小建议，看看能不能锦上添花，大家不妨听听吧。"

或者这样讲："××的建议已经非常棒了，不过在这个问题上，我也有一些小小的不太成熟的想法，大家帮我参谋一下，看行不行得通。"

这样一来，大家是不是就同心协力其乐融融了呢？

技巧也很简单：

首先，我们先攻破对方的心理第一关：你很尊重他；你能够站在他的角度上考虑他的心理感受；你很在乎他的看法；你足够重视他的意见等。

常用句式有"对，是的，是这样""嗯，我看过了，你的想法很有意义"等。

总之，先肯定对方，让对方感觉受到尊重和理解，感觉你和他处于同一个频道上，对对方卸下紧张和防备，在对方眼里树立一个良好的形象。

做到这一步，我们再去说出自己的意见："我这里还有点小看法……"

当对方觉得被尊重、被理解和认可，那么他对你的感觉，也一定会十分良好，你的建议也更容易被他接受。

你看，你的目的是不是就达到了？

在社交活动中，一定要注重别人的感情，考虑别人的心理接受程度，以尊重的态度表达你的看法，用不同的方式、更好的技巧来解决不同的问题。

换位 思考

升米恩，斗米仇，付出讲究恰到好处

有些人在危难之际得到别人的馈赠以后，不再努力，把别人的馈赠视为理所当然。倘若你觉得他可以自食其力，不再馈赠他，他甚至会觉得你辜负了他，因此对你耿耿于怀，非常仇视。

这就是"升米恩，斗米仇"，这告诉我们：从人性的角度来说，付出也是一门学问！是的，这是一门很深的学问。别以为付出只是一种很高尚的行为，事实上，付出若不恰当，又何尝不会名利双丢？用现在流行的话来说就是，成了"冤种"。

所以在你想要付出的时候，切记提醒自己：做人有尺，付出有度，不要轻给、不要滥给、不要吝给！

什么是不轻给？

就是不轻易地交出自己的所有物，清代学者山阴金的《格言联璧·接物类》写道："善用威者不轻怒，善用恩者不妄施。"这句话的意思是善于使用威严态度的人不会轻易发怒，善于施恩的人不会轻易地乱施恩惠。

不轻易给予对方。要让对方为了这份"得到"付出一定的努力，花一定的心力，这样他才会觉得来之不易，需要珍惜。

换位 思考

若不这样，倘若你觉得自己财大气粗，为了让自己看起来特别高尚，随意对人付出；或者你是个十足的滥好人，以付出来讨别人欢喜，那么你的付出就会成为无效付出，你在别人眼里也高尚不起来。

因为他们很可能会觉得，你的财富原本就是来自他们，就应该给予他们，这是你应该做的，你这种行为谈不上高尚，也不需要感激。他们不但会堂而皇之地接受，甚至会一再要求你继续无偿付出。

倘若你的付出不如之前好，不如之前多，你还有可能招来怨恨和攻讦。

不过，"不轻给"也不是教你吝啬，不是让你故意看着对方受罪，等到对方伤痕累累再施以援手，那样你便是用心险恶了。你只需让对方明白，你也不是无所不能，对他的付出也有自己的为难之处，是如何费尽周折才促成了这件事。

这样，对方接受了你的付出，心里多少会有些压力，他会明白要感恩，而且也不会动不动就向你索取，觉得你的一切都来得容易，帮他是举手之劳，理所当然。

如此，你的付出才有意义。

不滥给就是不要胡乱付出，对什么人付出，该怎样付出，心里要有杆秤，要有底线、有准则。《农夫与蛇》这样的故事，你听得还少吗？

不吝给就是应该给的、必须给的，就要毫不犹豫地给、大大方方地给。

这个时候，不怕给得多，就怕给得少。

这种情形主要包括：别人给了你莫大帮助时，你应竭力回馈，将心比心；下属立了大功或者你要重用某人时，你应大手一挥，褒奖到位，收获人心；情势所迫或者商业中的让利，你应尽快决断，讨好人心等。凡此种种，如果你给得少，给得犹豫，给得抠搜，往往会适得其反，落下埋怨。

做人有尺
人生有度
事，不强求
人，不强留

找到对方自己没在意的优点，这就是惊喜

如果有人跟你说，他上的大学一点也不好，你该怎样继续这个话题？

"你不要这样说，据我所知，××职业学院是一所非常好的学校，那里的人学识丰富，长得又好看，个个都是人才。"

——说这样的话，你自己大概都觉得虚伪，更何况别人呢？

那么你能不能换种方式呢？

"原来你是从这所学校出来的啊？真的没想到。我原以为你能够从事这么好的职业，取得这么好的成绩，一定是985高校的呢！今天你得教教我，你在工作中有什么诀窍吗？"

这样一来，你不但不露声色地把人夸了，顺便话题也带出来了。

当然你不用说得这么文绉绉，你按自己的语言习惯，掌握类似的话术即可。

这世上最会夸人的人，都是在对方都觉得自己没啥优势时，还能把他夸得开心。

又比如，有朋友对你说"我好烦躁啊"，你应该怎样安慰他？

你可别说："我也好烦躁啊！"

然后两个人对坐着发牢骚，越聊越心烦。

你可以说："你啊，就是凡事太较真，非要什么事情都做得一丝不苟吗？认真的人太累，我就不喜欢追求完美。"

再比如，有人跟你说："我现在决定躺平了，没办法，我有点好吃懒做。"

你可千万别说："嘿，兄弟，像你这么懒的人，一般都有福气。"

这听着多多少少有点像骂人。

你可以说："有点过分了啊，你这是在凡尔赛吧？一般像你们这种懂得品味生活的人，都喜欢说这种话。"

善于把对方没在意的优点说出来或将其耿耿于怀的劣势说成优势，这就是说话的艺术，你给别人带来的是惊喜，他回馈你的便可能是喜出望外。

否则安慰别人不成，反而可能成了仇人。

类似的话术还有很多，在这里多给大家列举一些，留好了备用，你一定用得着。

● 性子急——性格直爽，雷厉风行，大气磊落；

● 做事慢——一丝不苟，沉稳谨慎，运筹帷幄，有大将之风；

● 做事快、马虎——风风火火，手疾眼快，不拘小节；

- 不注意态度、说话伤人——心直口快，口快心热，没有坏心眼；

- 顽固——不忘初心，始终如一，矢志不移，执着；

- 优柔寡断——做事沉稳，喜欢多角度探讨问题；

- 不善于表达——内秀，深沉，老成持重；

- 想象力差——是一个务实的人；

- 话多、爱说——表达能力很强；

- 心软、老好人——善良，富有同理心，懂得为人着想；

- 做事没计划——懂得随机应变。

怎么样，是不是一下子觉得自己浑身都是优点了？

没错，要的就是这种效果。

即使这个人没有什么优点，你也要强行找出优点，把他夸高兴了，久而久之，他就会形成一种自我认知，认为这就是自己的优点，他会朝着这个方向打磨自己的优点，最后还乐意将自己的优点为你所用。

你们的关系将会越来越好。

第 **6** 章

提问有技巧：

一问一答，套出 TA 的心里话

拿捏分寸，你的问题最好不要脱口而出

小红："一听对方说完这番话，我就蒙了。我不知道自己该怎样回应，我就……"

主管："你为什么会蒙呢？你不觉得自己应该做得更好吗？我们之前在培训时不是教过你们怎么应对客户吗？"

小红："我……"

主管："你还记得我们吸引客户的关键是什么吗？是需求。你不觉得，有可能是你的表达没有到位，让客户产生了抵制情绪吗？你不觉得你应该说清楚自己的想法，使客户对你产生信任，消除他们因为顾虑而产生的抵触情绪吗？"

小红："我……"

主管："你不知道我们总是会遇到突发状况吗？当初我是怎么教你们的？"

小红："我……"

主管："产品的性能展示你还记得吧？你还记得我们这个产品的优势是什么吗？简单来说，我们这件产品……"

换位 思考

小红："老大，抱歉，我跟不上你的思路。"

"垃圾进，垃圾出"，这是沟通中一个不变的定律：如果你把糟糕的信息传达给别人，别人就会把糟糕的信息还给你。如果你在提问时问错了问题，那么你只会得到错误，最起码不是你所希望得到的答案。

在上面这段对话中，这位主管的提问存在以下问题：

首先，主管的提问带有指责和讽刺意味，似乎在暗示小红工作能力不足，做了愚蠢的事情，这叫质问，没有人喜欢。更重要的是，这样做根本无法解决问题。

其次，主管的问话频率太快、问题太多，有点碎碎念的意味，这让小红根本无法跟上她的节奏，做出正确的回应。毫无疑问，如果你的提问使你的听众跟不上你的思路，那么这次沟通就是失败的。

最后，主管的提问频繁跳频，刚才是 A，猝不及防又切换成 B，眨眼之间就跳到了 C，这让人很困惑，不知道该针对哪一个问题做出确切回答。

正确地提出问题，是进行有效沟通和信息交流的核心之一。在不同的情况下，使用正确的提问方式，有助于你收集到更好的信息并学到更多的东西。在社交活动中，使用正确的提问方式不但能够帮助你建立更稳定牢固的人际关系，而且也可以帮助你更有效地说服或管理他人。

故而避免错误的提问方式，尤为重要。

以下几个问题，请大家务必谨记：

1. 不要带着批判的态度去提出问题，这一定会引发抵触情绪，你应秉持积极的态度，通过提问寻求解决问题的途径。

2. 不要使用令人应接不暇的连珠炮式提问，除非你是在与人吵架。问题太多，频率太快，势必会给你的听众造成困惑和压力，这对沟通来说毫无益处。

你应询问简单明确、脉络清晰的问题，并逐步延展或跟进。

3. 不要问与主题无关的问题。即你所提出的问题，应符合谈话相应背景，应符合场景情境，如果你需要转移话题，请预先为新话题铺设新的背景信息。

4. 不要随意打断别人的回答，即使他的回答并不是你所期望的，你应让别人把话讲完，人际交往中应永远记得尊重。

5. 不要使用消极的身体语言，诸如摇头（否定）、抱肩（防备、距离、不耐烦）、后仰坐姿（倨傲）、皱眉（否定、愤怒）、扬眉（嘲讽）等。

其实，提出一个好问题并不困难，相反非常简单。

第一，务必清晰。

如果你的问题本身存在歧义，或者概念模糊，又或者太过笼统，那么显然，别人回答起来也会非常困难，有种"丈二金刚摸不着头脑"的无力感，你自然也无法得到想要的答案。

比如你问小明："如何才能成为一个成功的男人？"

你让小明怎么回答？难不成给你编撰一本书或者写一篇论文？

但是如果你问小明："如何才能像你一样月入 2 万元？"

他给你的答案就会更有针对性，而且也会更有见地。

同时，在聊天时某一话题涉及相关背景时，应尽量为对方提供关于这个背景的充足信息，否则对方就会产生一种走进迷雾中的感觉。

比如对方并不关注娱乐圈，你问人家："你是怎么看待'你干吗，哈哈，哎哟，你好烦'这个现象的？"

你让人家怎么回答？

所以提问时，应尽量做到，用对方能够理解的、具体的、清晰的方式，特定情况下，要提供必要的背景信息。

第二，务必简洁。

如果你的问题如长江之水滔滔不绝，又如黄河泛滥一发不可收，就像上例中主管的问话如连珠炮一般，对方的反应大概率会是：抱歉，我听不太懂，我不知道你到底想要问什么！

好的问题应该是这样的：它很简单，但也很有力，给人预设回答的余地，能够迅速地引人深思、发人思考。

这就是简洁。

第三，务必有用。

这个标准看似有点笼统，其实并非如此。

什么叫有用？符合你的目的，能够为你下一步的沟通或行动制造延展的机会，这就叫有用。否则基本无用。

比如你想请小红吃饭，你问小红："吃了吗？"

你这话摆明了是在寒暄，她的回答可能也只是一句寒暄。

你若换个问法："小红，你今天下班以后想吃点什么？"

无论她怎么回答，你下一步的行动都有可选性。

换位 思考

问一个"愚蠢"的问题，延展一个精彩的续集

史蒂文森是一位成功的制片人，他有一个很奇怪的喜好。

每当他看到一些不太认可的剧本，他总是一脸"我很笨，我不懂"的样子，问出一个又一个"愚蠢"的问题，去向剧本的编剧，或者导演、主角们"悉心"请教。而那些傲慢惯了的大导演、大明星、大编剧也总是一反常态，不厌其烦地为他答疑解惑。

在这个沟通的过程中，他不但了解到了自己想要了解的情况，又不露声色地巧妙让对方接受了自己的意见。

"我敢打赌，"史蒂文森对友人说，"那帮家伙一定在背后说，这么愚蠢的家伙怎么会赚到这么多钱呢？让他们议论去吧，有什么关系呢？反正我得到了自己想要的结果。"

事实上，史蒂文森以前不是这样的。

年轻时的史蒂文森总是喜欢问一些复杂刁钻的问题，让别人绞尽脑汁为自己解答，他觉得这样才能显得自己高深莫测，然后在别人做出解答以后，他再煞有介事地点头示意，即使对

方讲的东西他一窍不通。

他以为这样会使别人对自己肃然起敬，事实上大多数人觉得他脑子有问题，愿意与他合作的人越来越少。

最后是一位老导演点醒了他。

那位导演告诉他："A source would prefer explaining something to you than having you report it wrong.（人们更喜欢给你解释清楚，而不是让你报道错误的信息。）"

当你问出"愚蠢"的问题时，多数人都是十分乐于为你解答的，是的，他们克制不住好为人师。

这时你便会发现，原来那些"愚蠢"的问题更容易使别人对你放下戒备，敞开心扉。相反，那些高明或尖锐的问题，往往会招来他人的防范和抵触，起码，在你们交情不深的时候是这样的。

现实中，人们还是喜欢帮助别人的，这会使他们获得一种体现自我价值的快感，因此我们在提出"愚蠢的问题"时，多数人都会乐于展现自己的才智为我们提供帮助，并且他们很喜欢继续这样的话题。

当然，即便是愚蠢的问题，也要有它的底线。简而言之，你可以去问"愚蠢的问题"，但你不能让自己的问题真的愚蠢。

你可以故作愚蠢，但不能走向低俗；你可以大智若愚，但问题必须明了清晰。

比如你去问一个自媒体运营的导师："老师，我带货发什么样的视频合适？"这个问题就是真的愚蠢。

是的，这个问题从你自己的角度上来说，没有什么问题，因为你知道自己卖的是什么商品，受众是男是女，是老是幼。但对方知道吗？毕竟世上产品千千万，受众群体各不同。

于是人家出于工作需要，耐着性子问你："请问你销售的具体是什么商品？"

然后你回答："服装。"

服装？男装还是女装，童装还是中老年装？你等于回答了个寂寞。

然后来来回回十来句，人家才搞清楚，你卖的是女装，主要针对年轻女性，做的是自媒体线上推广。

等人家帮你解答完以后，很有可能在心底再骂上你几句。

事实上，如果你一开始就问："老师，我想在抖音上针对年轻女性推广女装，做什么样的视频合适？"

那么在两人来回确认的时间之内，人家就已经帮你解答完了。

如果人家不是出于工作需要，如果当时向他请教的人很多，人家当时很忙，那么你的问题十有八九要被漠视。

所以说，即便你问的是"愚蠢的问题"，也要清晰明了、干净利落地把关键问题展现出来，让对方不仅听着舒服，还容易为你解答。

见缝插针，开放式提问，解放对方的表达欲

你："小红，你喜欢瑜伽吗？"

小红："不喜欢。"

你们的话题暂时告一段落，出现片刻的冷场。你左思右想，找到了新的问题。

你："小红，你喜欢吃小龙虾吗？"

小红："不喜欢。"

你们的话题再次告一段落，如此反复，两人始终无法聊得其乐融融。

你们一直无法有效沟通，是因为你一直在使用封闭式提问。

封闭式提问也是沟通话术的一种，我们无法给它定义好或是不好，但封闭式提问的使用需要特定的情境，的确有它的局限性。

封闭式提问一般在明确问题时使用，用来强调观点、获取重点、澄清事实，作用在于缩小讨论范围，它的答案一般只有两种：是，或者不是。

换位 思考

封闭式问题	开放式问题
答案已经知晓	具有多种答案，多于一个
结论已经固定下来	让人们进一步思考、"走得更远""深入探讨"
由过去的结论得出	朝向未来的
诱导性提问	非判断性的
"是"或"不是"	可以由 1-10 分进行度量

这种话术一般在会议、演讲、谈判中较为常见。

当然，当你的沟通对象过度偏离主题时，你也可以使用封闭式提问，适当终止其漫无边际的叙述，并避免沟通过分个人化。

但封闭式提问不宜过多使用，否则就会使对方陷入被动回答的氛围之中，对方自我表达的愿望和积极性都会受到压制。

这感觉就像是被讯问一样，网上的小伙伴常戏称这种聊天方式为"查户口"。那么换位思考下，如果是你，你还有与对方聊下去的兴趣吗？

按话术来说，我们引导他人常分两步走：

第一步，克制想要强烈表达自己的欲望。不要总是以

"我认为""我觉得""我刚才"开头，换成"你认为""你觉得""你刚才"。

这就引导出了第二步——恰当地使别人愿意表达自己。

"你认为对方公司下一步会采取什么策略？"

"你觉得他这个人怎么样？"

"听说你新买了一台打印机，使用体验怎么样啊？正好我也想买一台，能不能给我做些介绍和推荐呀？"这样提问本质上都是把话题的主动权和内容部分让给了别人，促使别人去表达，让他去聊自己。

为什么要这样做？因为这符合人的内心需求，你的沟通对象因此会感到很舒服。

接下来我们再使出一个确认式的回答，使彼此的沟通向更深的方向延展。

什么是确认式回答？就是帮助别人总结他说的话，确认并认可对方给出的信息。

你："小红，昨天放假，你都做了什么？"

小红："我昨天在网上淘到一件特别好看、价格也很亲民的衣服。"

这时你应该怎样回答？

你："是吗？我昨天也在网上看到一件特别好看的衣服。"

不，这样的回答不对，这等于又开始了自说自话。

你应该如是回答："特别好看吗？快发给我看看呀，分享分享嘛，你可不能独占哟。"

换位 思考

确认式回答不一定要有见地，也不一定是实质性内容，但对方听了之后依然会感到很舒服，他因此会更愿意和你聊下去，你们的关系就在这种潜移默化中发生了变化。

借助巧妙问题，问出对方不想直说的话

　　杨澜主持节目时有一个特点，她每次都会问嘉宾一些非常精妙的问题，并且这些问题的提问方式都非常讲究，即使不便直接回答，也让人无法拒绝。

　　比如杨澜在访谈韩寒时，她问韩寒："你现在真的把赛车当作一个专业来做，是吗？而不是说像一开始很多人都觉得你是在玩票而已？"

　　有一阵子，韩寒又玩赛车又发唱片，很多人就认为，韩寒要作秀。所谓的喜欢赛车，只是为了博流量玩票而已。

　　这的确是一个不错的话题，杨澜把它提了出来。

　　现在我们做个假设，如果杨澜一上来就单刀直入：

　　"你玩赛车是在玩票吗？"或者开门见山地点明："很多人都觉得你是在玩票而已，是这样吗？"

　　韩寒会做何反应？

　　韩寒这个人是有些桀骜不驯的，这种问话方式很容易使他感受到冒犯，即便顾及公众场合不便发作，但想让他配合大概

换位 思考

也不太可能了。

那么，杨澜的话术高明在哪里？

她先使用设问，确定韩寒是把赛车当专业来做，而且强调说，只是"一开始"有很多人觉得他在玩票。

这样一来，等于先是站在韩寒的角度上为韩寒分解了尴尬，肯定了韩寒的做法，给了韩寒一个向公众澄清的机会，同时，也使这个问题变得更容易回答。

韩寒自然也乐于接住杨澜投过来的球。

这世上总有些话不便直说，但并不代表你就问不出来，事实上，只要你问得精准巧妙，你就能得到自己想要的答案。

举个例子，有个叫"20个问题"的游戏。

游戏要求是这样的：执行者先写下一个词，然后大家通过提问来猜谜，只能用"是"或者"不是"给出答案，并且必须在20个问题之内猜中正确答案。

毫无疑问，执行者是不会主动告诉你答案的，这是个非常难问的问题。

没经验的人往往会这样问，比如说他们猜的是一种动物，他们会问：它是大象吗？它是长颈鹿吗？它是老虎吗？……

事实上这些问题基本属于无效提问，对于答案基本没有多大帮助。

懂话术的人则会这样问：它是猫科动物吗？它生活在非洲吗？

随着问话次数的增多，答案的范围也在不断缩小，谜底便呼之欲出了。

如果遇到特殊情况，比如你处于对抗性谈话中，例如谈判、面试等，对方给你透露的信息肯定不会像"20个问题"那样随便，这时你该怎么办？

这时你便可以使用"封闭性提问"了。

比如你去中关村，想买一台二手笔记本电脑，卖家一再向你强调，电脑虽然是二手的，但质量绝对有保障，小伙子，买回去放心用吧。

这个时候如果你使用开放式提问："真的像你说的那样吗？这台电脑没什么毛病吧？"

那么就等于给了对方避重就轻、向你隐瞒重要信息的漏洞。

如果你使用封闭式提问，直截了当地问他："这台电脑维修过吗？"

卖家便无法再对你隐瞒了，因为维修过的东西很容易鉴定出来，对方若睁眼说瞎话，便是欺诈，在法律上是要承担相关责任的。

问题其实也有它本身的问题，它的问题就是，它有答案，即使有时候人们会故意隐瞒。

我们得不到问题的答案，是因为我们在提问的时候，一心只想着得到答案，却往往忽略了提问的方式。

找到恰当的提问方式，你就解锁了获得答案的密码。

将上述问题做个总结，我们大体可以得出这样一个问话模式，你在日常对话中绝对可以借鉴一下。

换位 思考

暖场
↓
铺垫
↓
询问
↓
封闭式问话

你："怎么了小刘，最近看你总是心神不宁，是不是遇到了什么烦心事？如果有什么困难就说出来，我们是一个团队，大家会帮你想办法的。"

（暖场，先赢取对方一部分好感。）

小刘："谢谢老大，一点家事而已，我自己可以解决的。"

你："小刘，我觉得你不应该是把个人情绪带到工作中的人。当然，人非圣贤，孰能无过，犯错也是一种经验，留下经验，改正错误，就是好样的。"

（铺垫，导向主题。）

小刘："你说得对，老大。"

你："比如这一次，咱们团队因为失误损失了一位重要客户，你觉得能够从中吸取到什么经验教训呢？"

（询问，并给对方留下台阶。）

小刘："老大，当时一起去谈判的有好几个同事呢，不能因为其中有我，就把责任推到我身上吧？"

（对方反问，情绪有点激动，急于撇清责任。）

你："他们几个我已经分别谈过话了，每个人都存在一定的失误。我并不是想追责，事实上从不犯错的员工大多不是好员工。我只是希望你们能够正视问题，总结过失，积累经验，避免下次再犯同样的错误。"

（再次铺垫，减轻对方心理负担。）

小刘："老大，身为团队中的一员，我的确有责任。"

（他还想避重就轻。）

现在你需要直击要害了，以便确定你心中的答案，此刻你可以使用封闭式提问，阻止对方继续顾左右而言他。

你："小刘，这次你是领队吧？任务单上签的是你的名字吧？如果这次任务成功，你便是最大受益人，但现在失败了，你是不是难辞其咎？就像我之前说的，公司并不是想追责，犯错本身并不可怕，可怕的是推卸自己的错误，这样公司的领导、团队的同事都会对你大失所望的，你希望看到这样的结果吗？"

（陈明利害，直击要害，对方只能回答"是"或者"不是"。）

小刘："我不希望，老大。"

你："那好，小刘，我再问你一次，关于此次失误，你觉得能够从中吸取到什么经验教训呢？"

（委婉提问，继续给对方台阶下。）

换位 思考

小刘："对不起老大，此次失误是我的主要责任，我回去就给您写份检讨，一定认认真真对这次失误做个深入总结，以免我们再犯类似的错误！"

（你得到了自己想要的结果和答案。）

问话是一个过程，需要循序渐进，由浅入深，由内向外，你越是咄咄逼人，就越得不到想要的答案。

问话的前提是和谐，需克制对抗及压制的心态，保持平和的姿态，站在对方的立场上思考问题，然后再辅之以精心的提问设计，如此便可穿透迷雾森林，找到事情的真相，并与对方达成共识。

不合时宜的话题，巧妙避忌且不伤和气

小明是个懂回话的人。

比如有人问他："你读没读过《百年孤独》？"

他会回答："最近没读。"

事实上他压根就没读，但谁会去做那个"大聪明"，大煞风景地去拆穿他，破坏原本融洽的沟通气氛呢？

另有一次有人问他："小明，你读过但丁《神曲》中的地狱篇吗？"

小明回答："中文版本和英文版本的都没有读。"

问话者不禁肃然起敬。

是的，他还是压根没读，但他也没有说谎。

但他这句百分之百的真话，使人产生了三种误解：

他读过完整的但丁《神曲》；他竟然精通 14 世纪的意大利文；他是个在文艺上追求完美的人，不屑阅读翻译版。

即便有人知道事情的真相，也不会在此时点破，毕竟，看破不说破，朋友还能做。

会说话的人，说话一定有弹性，能够分清场合，懂得拿捏分寸，凡事都会给自己预留一个回转的空间，他们既不会冲撞别人，也不会将自己置于尴尬的境地。

生活中常出现这样的情景，有人提出一个问题，我们怎样回答都不太妥当，它可能给我们带来尴尬与风险，也可能破坏我们的某种利益。这样的问题，不好回答又不能不答，那么我们就要学会巧妙避开话题。

比如说：节外生枝。

假如你和一群同事在一起吃饭，几杯酒下肚，有人开始谈论起公司的制度和领导的是非，并询问你的看法。

这种问题能回答吗？当然不能，站在谁的立场上说都不合适，绝对里外不是人，还有被告黑状的风险。

这个时候你便可以节外生枝："嗨，我一天忙完工作忙家事，还真没注意你们说的这些问题。别提了，前几天我儿子老师又来找我了，把我给气得，恨不得拿皮带抽他一顿。"

"为什么啊？暴力教育可不提倡，你得好好跟他讲，让他认识到自己的错误。"

（同事的关注点被你转移了。）

"这臭小子，上课的时候揪前面女同学的小辫！"

"哈哈，是不是遗传的你啊？"

（聊天的话题在悄然发生转变。）

"我跟你们说，我小时候……"

（你完美避开了那个不宜回答的问题。）

回避不宜直言的问题，方式有很多种，比如以假乱真、先声夺人、装疯卖傻、顾左右而言他等，应视不同情境而定，这里就不一一列举了。

它们都有一个关键的共同点：模糊。

简而言之，含糊其词，使人摸不透底牌，使自己掌握着"弹性"。

说起来主要技巧也就两点：

第一，不要直接回答，你也可以理解成闪烁其词。

比如你是一位销售员，你正在为顾客介绍产品，对方直接开口询问可不可以打折。

这个时候你把折后价格一说，他很可能会因为嫌产品价格高而转身就走。

你当然不能照本宣科如实回答，你可以这样说："先生，我们的产品正在做用户回馈，折后价格一定会让你感到惊喜。请让我先把产品的主要性能，以及相较于同类产品更出色的地方给您介绍一下可以吗？相信听完我的介绍，你会更惊喜的。"

正常来说，顾客一般不会拒绝你的热情介绍，你的这种操作虽然不能保证百分百成功，但成功的概率起码要增大不少。

第二，不要确切地回答，也就是说，模棱两可。

比如你正在与人谈合作，对方问你："我们的产品您已经做了全方位了解，那么是否可以问一下，贵公司打算订购多少？"

这个时候如果你如实说出订购数量或者答应成交，那么对于讲价是非常不利的。

你可以用"那要看……而定"或"至于……就看你们给出的条件了"这样的句型来回答。

利用模棱两可的回话术，把球抛回给对方，那么你就再次掌握了谈话的主动权。

我们处在一个复杂的世界中，即便你感受不到它的复杂性，它也是复杂的，失言会给我们带来非常大的风险或损失。因而对于那些不宜回答的问题，我们大可不必摆明态度，立场坚决，要含糊其词、模棱两可，避开实际问题，聪明人会理解你的做法，从而不会对你抱有过高的期望。

你既未得罪他，又避免了自己的风险和损失，这便是高明之举。

这个答案太意外了！
如何把话题拉到你的节奏上来

你问小红："你在干吗？"

小红："很无聊，在听歌曲。"

你问了小红一个问题，结果小红给你抛出的答案不在你的意料之中，你一时有点发蒙。

现在，问题来了，既然小红无聊，那她为什么不接着你的话把天聊下去？她到底有没有聊天的需求？

当然有，她当前最需要的肯定是将无聊变得不无聊。而我们要做的就是设法改变她当前的状态，把话题拉到我们的节奏上来。

然后你对她说："唉，我也很无聊。"

又或者发问："你在听什么歌曲？"

那么这个话题离冷场就不远了。因为你没有对她当前的状态做出任何改变，她依然继续无聊着，继续听着歌曲，随便应付你几句。

事实上此时你应该说："既然无聊，要不要一起出去走走，

换位 思考

我请你吃个冷饮啊？"

或者为她讲一些有趣的事情："唉，我今天去公园，有一对父女买票的时候插队，差点就打起来……"

你为小红赋予新的价值，才能打破她当前的无聊状态，这样你们才会越来越有话可说。

很多时候我们聊天往往都处于一种尬聊的状态，你抛出一个问题，对方给了你一个意外的答案，你顺着他的思路继续一些毫无价值的话题，并没有给他条件对你做出积极回应，你们的对话便只会越聊越尬，聊着聊着便再无下文。

这事实上是你对沟通节奏的把握出了问题。

所谓沟通节奏，是指你根据沟通对象当前的状态、情绪和反应做出的应对方式，应对方式的好坏决定沟通的最终效果。

如果你不懂得分辨对方当前是否对你的话题感兴趣，不了解对方当前对什么样的话题感兴趣，不知道什么时候该停止话题，你就很难掌控节奏。

所以你与对方刚认识的时候，你可以不需要说很多话，但一定要懂得引导对方多说话，从他的话中找到突破的契机，把谈话带到你的节奏上来。

事实上这是有技巧的：

首先，适时切入。

把握好情势，不放过任何可以交谈的机会，适时插入话题，适当地表现自己，能让对方对你感兴趣。

你打招呼："先生，你好，可以跟你简单聊几句吗？"

对方回答:"我不好,我很茫然,我觉得生命毫无意义,我不想听任何人说话。"

这个答案是不是太意外了?真的很难接话。

其实你可以这样说:"如果是这样的话,我一定能够为您提供帮助,因为我曾经是个人生规划师,相信我,我能够帮助你找到人生的意义。"

其实你只要找一些合适的鸡汤改汤换药就可以了。

与对方产生心理共鸣以后,你就尽可能再去延展自己原本想要说的话题。

交谈首先是一种互动,自说自话显然构不成有效互动,导致交谈难以深入。

倘若你有办法,使对方从你切入式的谈话中获取某种价值,你们的距离就可以快速拉近,由此奠定"心有灵犀,相见恨晚"的基础。

其次,借用媒介。

利用某种媒介物,提炼共同语言,展开深入交谈,缩短彼此距离。

比如你想和一个美丽的女孩聊天,但她态度十分冷淡,这时你发现她手里拿着一本钢琴谱。

这下子你应该知道怎么说了吧?

"你会弹钢琴对吧?果然不出我所料,看你的气质就知道你极具艺术天赋,其实我主动来找你交谈,就是想向你请教一些关于钢琴练习方面的问题,我也想去学钢琴的……"

对别人的一切都表现出浓厚的兴趣，通过媒介物引发话题表露自我，交谈就能顺利地进行下去。

最后，留有余地。

不要按着自己的思路和话题一直滔滔不绝下去，克制住自我表现的冲动，言谈中留些空缺让对方接话，你甚至可以使用预设答案的话题，使对方接话以后感觉他和你是心灵相通的。于是乎两人的心理距离在无形间就越来越短了。

记住，与人交谈，千万不要一口气把话讲完，把自己的观点讲死，而应以虚心探讨的姿态，欢迎别人参与进来，指点一二。

第 **7** 章

示弱的智慧：

不做大聪明，朋友关系才能润起来

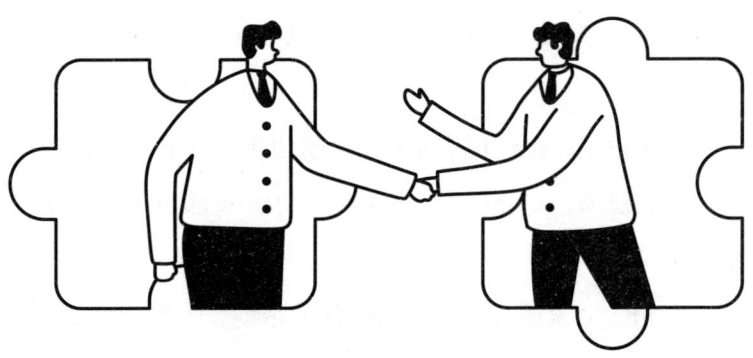

傻瓜定律：懂得示弱也是一种智慧

　　你刚入职新单位，发现身边同事多数是中年人。他们有一定的工作阅历，善于为人处世，但在接受新鲜事物上还是没有你前卫，在电脑信息自动化等方面更是和你存在很大差距。

　　你突然就有了优越感，自然很是兴奋，心想这是天赐良机，让你在新单位大展才华，于是时不时在同事前展示一下自己。

　　"哟！大叔，你这样在电脑存东西会丢的呀！"

　　"这个表格这样处理才会更省事……"

　　"这个软件你得这样用才行！"

　　"大姐，你这样录入数据得啥时候才能弄完呀！"

　　……

　　办公室里，你忙得不亦乐乎，这边指点一下，那边叮嘱两句，口若悬河，尽显风采，仿若整个办公室都是你的舞台、你的天地。

　　起初，大家还是很虚心接受你的帮助，也喜欢你的热心，

　　换位 思考

遇到难题，便会主动找你咨询。但是很快，许多人开始疏远你，就连看你的眼神都变了。

再后来，同事们似乎形成了某种默契，你再发表看法，大家都不给你捧场了，他们尽量躲着你，甚至刻意回避你。你自然也发现了大家对你态度上的改变，但你并不知道自己哪里得罪了他们。

那么问题来了——你到底哪里得罪了他们呢？

其实做个简单的换位思考，你就会明白——你喜欢别人显摆自己的聪明吗？

有些年轻人初入社会，朝气蓬勃，初生牛犊不怕虎，结果往往是意气风发过了头，时时处处都要显示自己的过人之处，踩着别人寻找自己的优越感。

是的，他们自认为的优越感可能被满足了，那别人的自尊心呢？只能是受伤了！

学会示弱，对于刚入职的年轻人来说，尤为重要。事实上，在智慧这方面，人无论多么聪明，都是需要充值的。

其实真正的智慧者应该是这样的。

第一，绝对不说"你不行"。

没有人喜欢被否定，有智慧的人也绝不会轻易否定别人，你看不到别人的优点，不代表你能预知别人的未来。

所以那些在你看来很愚钝的人，那些因为判断出错身处困境的人，绝不应该成为你嘲讽的对象，这是我们做人的基本素养。

你应该给予他们适当的帮助与鼓励，但你的态度一定要谦虚，切不要让指点变成指指点点。

第二：绝对不说"你很烦"。

有些人很是喜欢向别人请教问题，如果我们很忙或者正处于某种紧要关头，的确会感到极不耐烦。但你最好不要表现出来，不要把情绪摆在脸上，不要这样说："你怎么这么笨啊，什么都不会！"

如果你这样做、这样说了，那么你的亲情可能会出现裂痕，你的友情可能会崩盘，你的同事关系可能会因此一团糟。

如果你有了什么情绪都要表现出来，如果你不分场合地表现自己，那说明你不是一个成熟的人，你不太适合这个社会。

第三：绝对不说"放弃吧"。

"嘿，别傻了，放弃吧，做人要实际，你不行的！"

永远不要说这样的话！你可能认为自己的否定很理性，出发点是"为了他好"。

但事实上你是站在上帝视角，把自己放在人生导师的位置上，去指手画脚别人的人生。

换位 思考

纵然你可能确实是出于好意，但逆耳忠言没人愿意听。

这个世界比的并不是谁更聪明，而是谁更会使用自己的聪明。人能把聪明用在明处只能叫"大聪明"，能把聪明用在暗处才叫"智者"。

从心理学上来说，每个人都想被重视，每个人都想超越别人，而不想被别人超越，他们嘴上说不在意，但其实心里在意得很。

如果你很有才华，想要前程似锦，就要做到心高气不傲，志强不凌人，心广不自大，你学会内敛自己，才有余地充分发挥自己的才华。

这不仅是修养的表现，也是个人生存发展的策略。

只要"我不懂"，别人就会滔滔不绝

日本著名销售大王原平一是与用户对话的高手，确切地说，是高手中的高手。

一次，他打电话给一位电器公司的经理，希望能预约个时间前去拜访。

他是这样说的："川崎先生您好，我是保险公司的原平一，之前我们曾有过交流，很高兴再次与您通话。是这样的，听朋友说，您对遗产税的现行政策很有研究，正好我遇到了这方面的问题，所以想冒昧地向您请教一下。"

"哦，没错，我对遗产税的确略知一二，你能告诉我你的朋友是谁吗？"

"我是从您的客户小野先生那里听说的。"

川崎先生有点蒙，他想不起小野是哪位客户，但他的客户很多，也许真有小野这个人，也许只是被自己忽略了。

而事实上，小野只是原平一杜撰的人物，他只是想通过这

换位 思考

个媒介延续话题。

见对方出现了沉默，原平一知道对方这是在思考，他必须打断对方的思考，以便延续话题。

"请问川崎先生，您是否研究过宪法规定的财产权和继承权问题呢？我碰巧在这方面遇到了些麻烦，您知道的，如果不掌握这些法律知识，很容易节外生枝。"这时，原平一的话停了下来。

"嗯！的确如此，我很愿意为你提供帮助，可是这个问题在电话里一时说不清楚。"

显然，对方已经对他的话题产生了兴趣，原平一只要趁热打铁就够了。

"这样啊，川崎先生，不如我们约个时间，我当面向您请教，您看是周二还是周三您有空？"

原平一拿出了十足的请教姿态，不露声色地接近了潜在用户。

就像之前强调的那样，好为人师是人的通病，不管男人还是女人，无论老人还是小孩，不分普通人还是领导，都概莫能外。

想一想你读高年级的时候，当一些低年级的小弟弟、小妹妹一脸崇拜地向你请教你知道的问题时，不管你正玩得多么开心，是不是都会暂时停下来，带着一丝小骄傲，耐心地为他们解答每一个幼稚的问题？

在这个过程中，你获得了极大的心理满足。

换位思考下，我们自然能够明白，成就感深植于每个人心中，这种感觉是清醒的，但它又的确控制着人们的情感，甚至是理智。

每个心理健康的、心智正常的人，都会对这种感觉十分享受，乐此不疲。

想明白这一点，你应该知道怎么做了。

一个聪明的人，懂得"三人行，必有我师"。

做自媒体的人就经常抛出一个请教式的问题，让大家解答。

于是，底下的评论区炸锅了，大家知无不言，议论纷纷。

这种吸粉的方式便是巧妙地利用了人们好为人师的本性。

他们就这样轻而易举地达到了引流的目的，利用这一点，你也能为自己的社交活动引来大量的流量。

当然，即便是请教，也是有讲究的。

请教，讲究的是一种姿态。

它的潜台词是：我承认自己有缺陷，认可你的优越性。

这表明，你在沟通之前，已经对对方做了一定了解，是以认真、尊重的态度来进行咨询的，这种美好的心理体验会令对方对你难以拒绝。

请教不要仅限于形式，更要讲究内容上的意义。

你可以认真倾听对方的说法，这种说法往往是他真实意志的体现。这样，在未展开自己的话题之前，你就能先对对方进行一次隐藏式摸底，这无疑可以使你进退有度，收放自如。

一旦你发现自己的话题不符合对方的心理预期，那么就要及时止口，就势换一个他喜欢的话题进行深入探讨。

向人请教，说到底体现的是对别人的一种认同，这种认同不仅能满足对方的愉悦感和自豪感，还可以帮助你找到彼此之间的共同点，这种共同点，正是我们在社交活动中在心理上相互接受对方的开始。

看破不说破，朋友有得做

宋小姐购置了一所住房，在房屋装修时委托一名高级设计师为卧房做窗纱设计。

一切妥当后，账单也来了，宋小姐接过一看，瞠目结舌："怎么这么贵呀！"

但事已至此，她也只能无奈地打开钱袋子。

几天后，宋小姐的闺密莎莎前来拜访，来到她新装修的卧房内，不禁惊叹："我的天，你的纱窗也太高格调了吧，它花了多少钱？"

当宋小姐告诉莎莎价格时，莎莎又是一阵惊叹："我去，这也太贵了吧，你肯定让人给宰了！"

是的，莎莎说的是实在话，但又有谁愿意被别人否定自己呢？

于是宋小姐回嘴为自己争辩："我正是因为它格调高，价格贵才买的啊，这叫物有所值。女人活得要精致，眼睛不能总盯着便宜货。"

换位 思考

莎莎也不甘示弱，反唇相讥，就这样二人你一言我一语，为了一个窗纱打起了口水战，最后不欢而散。

几天后，宋小姐的另一位闺蜜媛媛也来拜访，与前者不同的是，媛媛在欣赏赞美窗纱之余，表达了自己也想拥有这款窗纱的愿望。

这时宋小姐直言："不要买，不划算，我当初也没想过要买这么贵的窗纱，真是让设计师给坑了！"

知错认错，很多时候都也只是嘴上说说而已，事实上大多数人都没有这样的格局。

一个人有过错时，也许会对自己承认，但是若被身边的人直接指出来，则会很难接受，甚至要为自己进行辩解。

扪心自问，你是不是也经常这样呢？

你应当知道，这个世界并非非黑即白，也没有绝对的对错与公正。

所以，如果我们想让自己的社交关系更圆润、更友好，就要学会揣着明白装糊涂。

比如：

在别人的话语、行为未触及你的个人利益时，你应该学会不语；

当你意识到自己的话语可能冒犯到别人时，你应自觉思考这些话是否该说。

你应该知道，言多必失，没必要用犀利的言辞去表现自己。

你的出色更应该体现在方方面面的实际行动中。

因为不善于认同他人的人也不会被别人认同。

我们所面对的社交活动，从来都不是靠文化底蕴的对比，来显示自我的学识，以此征服别人。相互关系的真正纽带，是彼此的认同和尊重。

与人方便，就是与己方便，所以，"看破不说破"，不只是在成全别人，更是在成全自己。

其实有些事，无伤大雅，无关紧要，我们真没有必要非要弄个一清二白，水落石出。生活中，孰是孰非并不重要，争论高低又有什么意义？甚至有时还会葬送大好前途。

如果你身在职场，这一点尤其应该注意。

你的上司可以轻易决定你的职业生涯和前途，与他们共事不可斤斤计较，更不可钻牛角尖。无所谓的小事上，你更要给足他们面子。做到这个份上，在一些麻烦事上，他们才会对你有所关爱。

你的难得糊涂，很有可能会让你得到意想不到的收益。

换位 思考

合作与博弈，最优选取决于利益

你拥有一家高级酒店，在好友的推介下，你结识了一位很红的张大导演，张导准备在你的酒店召开一场新片发布会。

你高兴极了：赚大钱的机会来了！

但是你们的洽谈并不愉快——你开价 10 万元，张导却只肯出 5 万元。

这么大的导演怎么这么抠？你的心一下子凉了半截，咬住口，相当不满，丝毫不肯让步。

你的朋友劝你："兄弟呀，你的眼里为什么只能看到 5 万块钱呢？到时来的可都是有头有脸的大明星，这些人咱们平时想见都见不到。这会给你带来多大的流量啊！"

但你仍然坚持自己的原则，10 万块钱，不打折扣，少一分都不行。

你对好友说："你介绍的这是什么导演，就想拿名气压人？不争馒头争口气，这次我决不妥协！"

你的朋友气坏了，大骂你没有眼光，一转身，拂袖而去。

你旁边那家星级酒店的老板得知消息后，主动找到了张导，并表示愿意低价把场地租借给他们，价格绝不超过3万元。

张导大手一挥："我就喜欢结识你这种有格局的朋友！"

两个人就这么愉快地决定了。

新片发布会召开的几天中，主要演员、媒体记者，还有众多影粉，纷至沓来，这家酒店天天爆满，赚得盆满钵满。

又因为这里住过大明星，酒店也随之声名鹊起，流量不是一般的大。

你眼睁睁看着这一切，眼睛越来越红了。然而，怪谁呢？

你认为自己的行为没错，事实上，你输得一塌糊涂。

这世上总有些人喜欢意气用事，但凡有一点理也要据理力争。

是的，你或许真的刚直，但你的刚直对于社交来说并无好处，因为你放弃了与对方该有的关系缓冲空间。

博弈论告诉我们，当人和人想要长期维持某一种关系时，妥协和包容就是他们最好的相处方式。

妥协，是双方或多方基于某种条件，以利益为衡量而达成的共识。

注意，在商言商的关键是——利益。这时，对于解决问题而言，它的确不是最好的办法，但当你没有更好的办法时，它就是最优选择。因为，你起码守住了一部分利益。

事实上人与人之间的合作与博弈，极难实现单方面的碾压，输赢的标准应该是在将彼此伤害度降到最低的同时，给彼此留下最大的利益。

鱼死网破，非输即赢，这叫"零和博弈"，或许看着很悲壮，也许也能得到赞许，但失去的是自己的长期利益。

即便你是强势者，你也应该学会妥协，这还是因为——利益。

你应当思考的是：如何以妥协换取更大目标的利益？

那么问题来了，我们要如何才能做到明智的妥协？

首先要考虑自己的目标。

你的大目标是什么？你的大目标与你的牺牲（妥协）相比，哪个更重要？它们各自会为你带来什么，收益还是伤害？

其次看条件。

明智的妥协绝不是单方面的示弱，而是为了保存自己或是达到目标，在一定程度上互利的交换。只要对方给出的条件在现实情况下符合你的最大利益，你就可以在次要条件上做出适当的让步。

换位 思考

暴露自己的缺点，是交际上的优点

　　一位心理学家搞了个有趣的试验，她找来一帮人，给他们放了4段内容大体相似的采访视频。

　　视频1中，受访者是一位成功男士，他相当出色，已经取得了很不错的成就，且为人谦和，气质不凡。

　　访谈中他表现得十分坦然，言谈风趣幽默，获得了观众的一致认可，博得了一片喝彩声。

　　视频2中，受访者也是一位成功男士，但在受访中他却表现得十分紧张，当记者向观众讲述他所取得的成就时，他慌张得碰倒了桌子上的杯子，将水溅到了他和记者的身上。

　　视频3中，受访者是一位普通百姓，他并没有让人惊艳的故事，受访的过程也平平无奇，虽然他言语得当，逻辑周密，但话语间没有什么大的亮点，并不出彩。

　　视频4中，受访者也是一名普通百姓，整个受访过程他都表现得十分胆怯，和视频2中的男士近乎一样，也把旁边的一个水杯碰洒了。

视频放完后，心理学家让参与试验的人们从这四个人中选出一个最棒的和一个最差的。

最差的人，不出预料是第 4 段视频中的那位先生，他的表现确实相当糟糕。

对于最棒的人，试验者的选择大概就出乎你的意料。

因为他不是视频 1 中那个表现完美的出色男士，事实上，有近 96% 的人都选择了视频 2 中那位碰倒水杯的先生。

这个心理学试验得出的结论是：

假如一个人太过完美，别人从他身上看不到一点缺点，那么人们就会觉得他不真实，认为他的完美是精心设计的伪装，他不会得到大家的信任，事实上大家对这样的人并没有多少好感。

而无伤大雅的失误，反而给了别人一种真实感，他们觉得：正常人就应该是这个样子的啊！再优秀的人也应该和我们一样有缺点才对。

从社交心理学的角度来讲，我们每个人其实对趋于完美的人都存在畏离心理，尊崇他，同时在心中也会对其产生一种"只可远观"的疏离感。

现实中，一些极为出色的男女之所以会单身，一方面与他们自己的择偶条件有关，另一方面，也与人们的畏离心理存在一定的关系。

所以近乎完美的人如果想获得更多的认同感，就不妨适当暴露一下自己那些无伤大雅的缺点。

换位 思考

如果你不是明星或者公众人物，身上的一些小缺点就算暴露出来也不会被拿到放大镜下审视，给你造成污点。相反，它会让你显得更真实，让你更容易获取他人的认同感，甚至是同理心，或者同情心。

变相地看，这也是在给自己创造一定的社交价值。

同时，这也是你对自己的一种有效保护。

比如你因为优秀、努力等因素备受领导器重，并因此得到更多升职加薪的机会，这自然可喜可贺，但你千万不要搞奔走相告、举杯同庆那一套。你要知道，有多少双发红的眼睛正看着你呢！

这个时候你应该尽力将升职的缺点暴露出来："唉，快要把人累死了，老婆孩子没时间陪，身体也越来越撑不住。"

事实上，只要你不居高临下地表现出优越感，你便可以在别人心里植入这样一种看法：升职加薪的确有利有弊，他在得到高职位高工资的同时，也丧失了更多的自由和乐趣。

这样，众人的羡慕嫉妒恨便会在无形中被你消化掉一部分。

适度地暴露自己的缺点或者是劣势，其实，恰恰是交际上的某种优势。

第 **8** 章

职场吸引力：

要想混得好，学一点心计

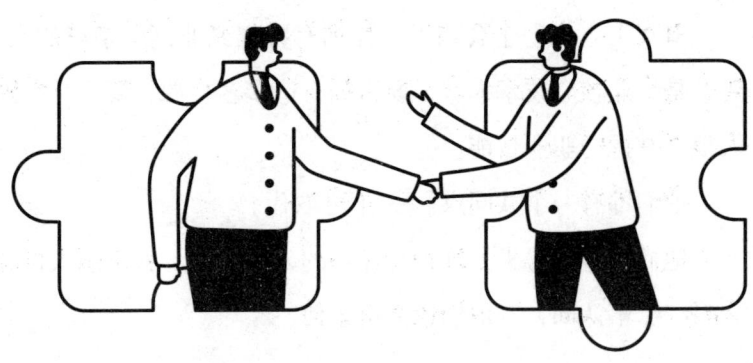

职场的逻辑，老板到底喜欢什么样的"我"

你所在的公司里可能会有这样一种人，整个公司里，除了老板，就数他放荡不羁爱自由，各种规章制度对他来说，简直形同虚设。

这人凭什么呢？难道是老板的小舅子？有的人正准备去巴结他，结果发现……

原来，人家既不是老板家亲戚，也不是各种二代，巴结他根本没用。

可是为什么老板对他如此放纵，难道他具有什么不为人知的特殊之处？

事实上，在一个公司里，能拥有特权又非高层亲属的人，要么是企业核心技术人员，要么拥有诸多客户源，要么具有别人很难掌握的职业技能。

他们都有一个共同点——不可取代。

他们根本懒得去处理钩心斗角的人际关系，就算别人再怎么眼红、不认同，对他们也无可奈何。

他们不用费尽心思攀关系、套近乎，还会得到管理层的另眼相待。

即便如此，他们还时不时地跟老板谈条件，只要不超格，通常都会被满足。

你说气不气人？气人也没办法，因为人家拥有老板最看重的资本——不可取代性。这种不可取代性，才是职场人纵横职场的资本。

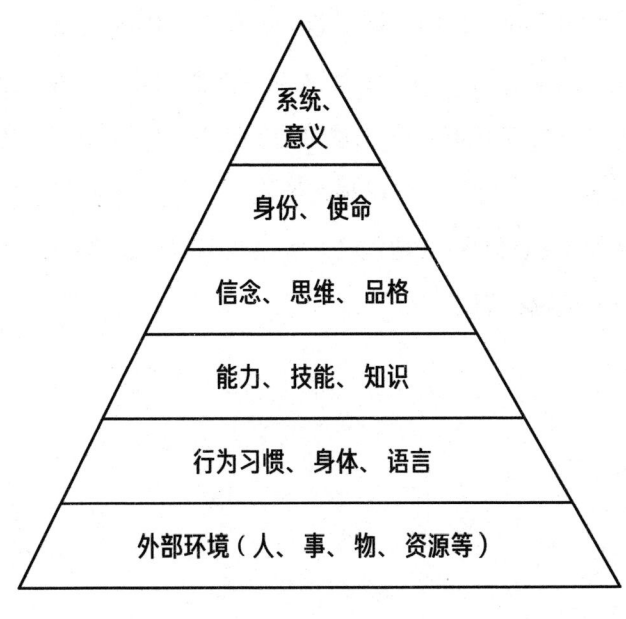

构建自己的优势金字塔

企业用人，最基本的衡量条件是你可以为它创造多少价值。你能拥有什么样的待遇，由你能为它创造的价值决定。

你创造的价值越大，你在企业的地位就会越高；相反，如果你吊儿郎当，总是躺在功劳簿上睡大觉，即使你是企业的元老，你的地位也会被新锐所取代。

其实在这个商业社会，你完全可以把自己当成一件商品，你在出售自己的劳动价值，换取等额回报。如果你高端、稀缺、有独特价值，那么你被选择的概率就大，你能得到的回报也大。

聪明人不会投机，不会懒惰，他们会专心于创造崭新的、更有价值的自我，试问，哪个老板不喜欢这样的人呢？

你的当务之急，是不断提高自身价值和能力，换句话说，就是要在学习中积累，在积累中成长，持续提高自己的价值，使自己不论身在何处，都是稀有要素。

如果大家能做到这种程度，那结果就是我们选择公司，而不是公司选择我们了。

换位 思考

让上司知道，你是"懂规矩"的

小王在一公司从事文职工作。

一天，上司让他整理一份材料。有小道消息称，这实际上是上司对小王能力的测试，关系到小王的去留问题。

原本，这种材料对小王来说轻而易举，但因为小道消息，他有了巨大压力，于是熬了整整一个晚上，反复修改，字斟句酌。

次日一上班，小王急忙将稿子送到上司面前。

上司看后很是高兴，稿子文笔流畅，逻辑清晰，读来令人赏心悦目！

但是越往后看，上司的眉头皱得越紧，最后索性把材料退给了小王，让他再斟酌一下，并且脸上毫无表情，让小王一时摸不着头脑，不知道自己到底哪里做错了。

带着满心疑惑，小王接过材料，刚要离开，上司突然又像想起了什么，说道："材料中那个'员工'前面再加上'全公司'三个字，改过来就可以了。"

"哦，好的，我这就修改。"小王答道。

是的，只是添了三个字，上司喜笑颜开："写得好，写得不错！"

这个故事告诉我们：永远不要让自己显得比上司还要高明，不然你就算没毛病，也会变成有毛病。

换位思考一下，你会喜欢比自己还厉害的下属吗？

再换位思考一下，上司安排一项工作，你完成得漂亮利落，貌似比上司亲自操作还优秀，上司会有什么想法？

他会有危机感！

同时，同事也会因为你的过度优秀产生危机意识。

这种情况下，大概率你在公司往后就没有什么好日子过了。

如果我们能够变换一种方式：上司安排你做事，你高效出色完成，让上司对你刮目相看，但你故意留下一些无伤大雅的瑕疵，给上司指点你的机会，为他彰显自己的领导能力搭建平台。

你说，又会是怎样一种情况？

在职场，你要牢记一点：无论何时，无论何种情况，都不要表现得比上司还要高明，否则，你就是上司心中的炸雷。

卧榻之侧，岂容他人鼾睡？

工作中给上司留出点挑小毛病的地方，你才是懂规矩的。

亦如我们在前文中所讲的那样——适当暴露自己的缺点，是交际上的优点。

职场同样如此。

你恰当地放低自己，实际上就是在抬高上司，你为上司抬轿子，上司自然不会亏待你。

　　回头再看看小王的上司，为什么他之前眉头紧锁，但在努力挑出毛病之后，态度立刻有所转变？

　　因为他找到了展现自己威严和能力的机会，也是这时，他作为上司的虚荣心得到了满足。

　　所以，你应该努力使自己稍微"愚钝"一点。

　　在上司讲述完问题后，你再做出大彻大悟的模样："老大，还是你厉害！"

　　当你有好的建议时，你大可不必当众提出来，你可以婉转、含蓄地告诉上司，同时，你自己再拿出一点与这个建议相左的意见。

　　一旦上司采纳，你的好点子便摇身一变，成了他做出的决策。

　　自然，他也不会忘记你"提醒"的功劳。

职场如同自媒体，自我营销要到位

　　刚走出校门的小明和另外几个年龄相仿的年轻人一起被一家集团公司录用。

　　为了表达对这批新人的关爱和鼓励，公司领导决定开展团建活动，欢迎新人。

　　团建地点距离公司不远，大家三五成群结伴前去，却无人肯与他们的顶头上司部门经理同行，后者只好独自前往。

　　席间落座后，大家或是端坐一旁谨言知礼，或是窃窃私语，不但没人主动与上司沟通，更把左右的位置空了出来。

　　看见上司有些尴尬的样子，小明急忙圆场："我提个建议，大家都坐得紧凑一点吧！这样聊天方便一些。"

　　说着，小明便自然而然坐到了上司身旁的空位上，并对上司投去微笑，把友好传递给上司。

　　其实这种新入职的团建活动，重点在于领导与员工的沟通，领导极有可能还想借机挖掘新秀！可不懂事的年轻人却忽视了领导的美意，把他冷落到一边，这就给足了小明表现

　　　　换位 思考

的机会。

换位思考一下，如果你是老板，你的员工不懂得主动与人沟通，你会提拔他吗？

小明是个聪明人，不仅务实，而且懂得巧干，他知道，机会都是自己创造的。

于是，小明与上司多次在走廊过道机缘巧合地相遇。

他并没有只是看着上司尬笑，也没有没话找话尴尬聊天，而是自然而然地与上司交流起来。

如果上司问及工作，他便有条不紊地回答，如果上司想聊一些工作之外的轻松话题，他也乐于奉陪——正好可以借机了解一下上司的个人喜好。

实际上，一个智慧型的领导通常更乐于给员工留下平易近人的印象。

可是总有人会因为自卑和畏惧心理作怪，见到上级唯恐避之不及。于是，机会它来了，又走了，而你对它视而不见。

职场上人心各异，人多嘴杂，上司的上面还有一层一层的上司，怎样才能让高层领导知道你的才能？

这是一门学问。

小明是这样做的。他就公司的发展规划拟了一份建议书给部门主管，部门主管看后说非常不错，只是一些关键问题在实施中需要高层认同。

小明便趁机说："咱们部门每个人可能都有比较好的意见建议，可不可以把领导们请到咱们这来搞个座谈会？这不是也显得咱们部门一心为公司着想嘛!"

主管一听拍手叫好:"好主意啊,你小子,真是个人才!"

座谈会上,出于对小明想法的肯定,上司特意安排他与自己一起,陪坐在高层领导们的两侧。

散会后,大家都为能够得到与高层领导交流的机会而兴奋不已,部门主管也得到了上级的表扬。索性,其他部门也纷纷效仿,谁都没有猜测小明是在故意出风头,捧领导。

想靠近领导,让他了解你,赞赏你,又不想被别人嘲笑,的确有些难度,你得做得细致一些。如果稍有不慎,露出迹象,就算你被领导提拔重用,也会被众人一致仇视,没有他们配合你的工作,你也长久不了。

我们再来看看小明,他只是用了实干加巧干,把细节拿捏到位,就让谁都挑不出毛病。

这样的人才叫会自我营销。

鉴于小明的出色表现,公司决定提前结束他的试用期。

职场其实和自媒体一样,你有才能,但如若不懂得展现的技巧,平台就不会给你更多推介,那么即使你再优秀,同样也会泯然于众人。

世上每个人都是有潜能的,但并不是每个人都能把潜能展现出来,你需要懂得一些推介自己的小规则,为自己搭建一个流量大的平台。

比如,在合适的场合,恰如其分地展现自己。如你喜欢画画,具备这方面能力,但你却是做文秘工作的,那么你就可

换位 思考

以通过偶尔在帮广告部的同事做事适当展现一下你的潜能,如提供个广告创意,制作个有艺术感的标签等。

这样你就比其他人多了一种优势。

再比如,随机发挥自我潜能。可以把自己的潜能与其他可以展示的活动结合起来,实现新的能力创造,这种能力就是别人所不具备的了。

平时,我们可以结合下方的鱼骨图,剖析自己的营销痛点所在,从而改变现状,成为更好的自己。

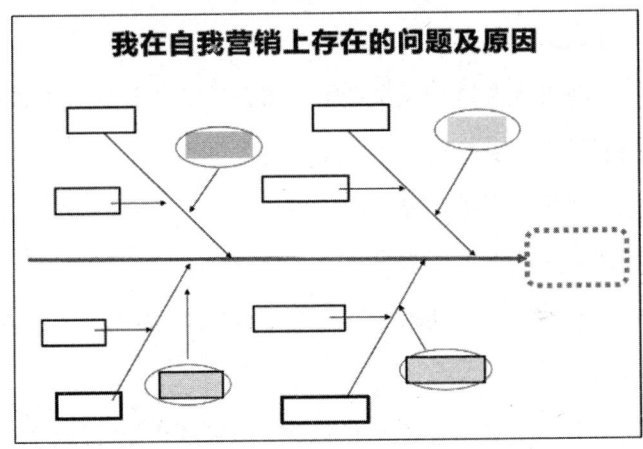

管好自己的嘴，职场不是随意的地方

你在工作之余，做兼职搞了点额外创收，结果被经理知道了。

经理郑重强调这种做法会影响部门声誉，让你在放弃兼职创收和离职之间做个选择。

你很委屈，也很诧异。

经理是怎么知道的呢？

仔细回想，你才想起来，是自己有一次跟同事出去喝酒，说漏嘴了。

职场上，你必须记住一条铁律：不要把同事当成知心人，不要随意和同事说出你的小秘密。

大部分职场人之间，除了合作、责任分工或是职场社交之外，也并存着利益与矛盾纠葛，掺杂着竞争与博弈。

你的私事对你来说，也许只是私事，也可能与公司相关，你觉得无伤大雅，但一旦无意中说给了大家，你的私事就不再是私事了，它会变成"传闻"。

换位 思考

所谓"三人成虎"，事情传着传着，最后便面目全非，这会对你较为不利，可能会使身边的人对你产生疑惑，对你以往精心塑造的人设造成伤害。

也可能，你和某位同事的关系的确不错，他的确为你守住了秘密，并没有拿出去传播，但到了利益攸关、要么你升要么他降的致命时刻呢？

你等于是往对方手里递了一把武器。

所以在职场上，你若是没心没肺，口不择言，无疑是在给自己埋雷。

以下四个方面，在职场上绝对属于禁言的范畴：

第一，个人私生活。

婚姻状况、家庭关系、个人关系网、购物消费等情况，都是很容易被有心人抓住的把柄。

有些人，可能有点小小的虚荣心理吧，总是特别喜欢显摆自己买了哪些高端用品、购置了什么豪华座驾、用了什么地方的美食，这让人关注到他们的收支情况。

他的同事们可能会想：大家都是做着相同的工作，为什么他的生活比我好这么多？有事情，这里面一定有事情。

他的上司也许会想：这小子收入竟然比我还高？有问题，肯定有问题！

嫉妒和猜忌由此而生，终有一天这些人会自食苦果。

另外，你身边也许还有这样的同事，他们什么事情都喜欢打听，恨不得把你的户口本都要出来看看。

与这样的人相处，你更要把握好自己的口舌，不然你的私生活可能就会成为全公司茶余饭后的谈资。

第二，消极、抱怨的评价。

职场人生活、工作压力大，偶尔难免会把情绪带到工作中。

记住，你想抱怨，但不要在公司里，回家抱怨去。

如果你胆敢把自己对工作或者对公司、对上司的负面情绪展现给同事看，你被告黑状的事情就会很快提上日程，你的对手可不会惯着你。

第三，贬低别人，自我吹嘘。

"你们的业绩咋那么差呀，一年才几千万的走单量，多好完成的任务呀，我在以前的公司几个月就完成了！"

你可能觉得，这是在抬高自己，实际上，这是在给自己挖坑。

同事一听：你厉害是吧，好，那我去跟领导汇报一下，下个月让你大展拳脚。

结果，你下个月的任务量暴涨，而你，根本就完成不了！

那么可想而知，上司会如何看待你？

换位 思考

再有就是上司对你很欣赏，你最好也不要高调。

因为他们会说，你和领导有关系，你是靠关系上位的。

第四，把离职作为口头禅。

你某天出错，被领导狠狠批评了一顿，你生气，约同事喝了点小酒，有点上头，口不择言："就这种公司，是人待的地方吗？大不了不干了！"

然后第二天醒酒，你跟没事人一样，继续为了几两碎银朝九晚五。

事实上，你还不知道，自己已经被公司放弃培养了。

在职场，想离职和跳槽都是正常现象，但如果弄得尽人皆知，可能还没等你找到下家，公司就已经对你动手了。

人在职场，管好自己的嘴巴很重要，切不可什么话都对别人说，想说什么，最好在大脑里多转几圈，斟酌好了再出口，以免后悔。

把上司当成好友，你就危险了

　　小丽在外企做行政管理，她人如其名，不仅相貌美丽，还聪明机灵，非常会说话，相关的几个部门主管都特别喜欢她，偶尔也会把一些私事委托给她办。

　　特别是人力资源部的张部长，简直拿她当亲妹妹，有时聊得兴起，也会把个人私事以及自身和公司高管之间的一些纠葛无意间说给她听。

　　小丽觉得很有趣，在与公司另一个"好姐妹"闲聊时，就把张部长讲的事情说给了对方。

　　结果这个"姐妹"转身就把小丽的话一字不差地告诉了张部长。

　　小丽呢，因为工作需要，被调到下属单位冷衙门做主管去了。

　　因此，上司如果把你当朋友，把秘密都告诉你，你可千万不要窃喜！

　　他当时也许只是脱口而出，事后必然悔不当初，因为这等于给了你伤害他的武器。你们的关系由此变得微妙，你的处

换位 思考

境岌岌可危。

假如你意识到了这一点，忐忑之下主动去找上司表忠心，那也不会改变什么，只会是自找麻烦。唯一可行的办法，只有装作若无其事："是的，我根本不记得他对我说过什么。"

你把上司当成朋友，假如他有一些见不得光的做法，你将无法独善其身，甚至会参与其中。说好听点，你是他的心腹，说难听点，你是他的心腹大患！

有距离才会产生美，这个道理在职场同样适用。

你此前可能一直蒙在鼓里，觉得自己和上司是多年的哥们儿，有哥们儿做靠山，职业发展肯定没有问题。

事实上，你眼前的得意不值得一提，这座靠山也是靠不住的。

用不了多久，你就会发现，这种关系实际上隐藏着极大的风险，仿佛走钢丝一般，一旦失足跌落，就是万劫不复！

和上司走得近，还会带来两个消极的后果：

> 一是同事们羡慕嫉妒恨；
>
> 二是其他人，包括其他领导，都会认为你是某某人的亲信，那么你在职场上，将会四面楚歌，处处有人与你为敌。

另外，有交往就会有矛盾，你和上司走得越近，你们就越有可能产生矛盾。你和上司产生矛盾，你说吃亏的会是谁？

同时，你肯定也不是完美的人，必然有自己的弱点、有能力欠缺的地方，在你与上司日渐深入的交往中，你的兴趣爱好、能力水平等，都会被上司摸得一清二楚，你在他眼里如同一个透明人。

你应恰到好处地保持你与上司的距离，可以似远非远，也可以似近非近，让距离给你们带来和谐之美。

即便一时得到偏爱，你也要步步谨慎，保持好恰如其分的距离。

如果你已经是上司的好友了，或者说你们先是朋友，在职业发展中，他成为你的上级，这时，你应该看准风向，把握机遇，该撤退时，就不要犹豫。

上司作为一个特定的存在，需要在下属面前保持威严。但你们之前是朋友，你知道他很多不为人知的一面，比如他是个抠脚大汉，那么他在你面前，如何能威严得起来？

这就尴尬了。

所以，如果你的朋友做了你的上司，你不要沾沾自喜，更不要扬扬得意，觉得自己职业的春天来了。你高兴得太早了！

明智的做法是把握好分寸，既不疏远，也不靠近，把你们曾经的朋友关系当作过往。

你需要给自己提个醒，他已经是你的上司了！

如果你真的把他当好友，就要先体谅他作为管理者的难处，维护他从事管理工作的尊严。当你远离他后，也许他会更感谢你，需要的时候，也会适当照顾你。

反向操控，向上司报功要精准投放

小明在公司工作了多年。

他性格内向，也不善于和上级沟通，只会干活不会说话。工作起来，人勤恳努力，不计得失，更没有怨言。

可是不久前，公司人事变动，他发现，能力并不如自己的小红上去了，而自己仍在原地待命！

小明禁不住心生感慨：难道自己这么多年的辛苦付出，上司看不到吗？

是的，看不到。

小红是这家公司的企划人员，工作以来，从来都是如期交稿，让上司很是赏识。

她有个工作习惯：每次做完文案，都在文件的最后，拉列出工作任务下达的日期、向上司交稿的日期以及两者的间隔时间。

你可别小看这个工作习惯，结果就是，所有上司都知道她惜时如金，她在公司的名声自然也非常好。

所以，小红上去了，比她更努力的小明还在原地踏步。

日复一日，年复一年，你在努力工作的同时，不知道有没有思考过，为什么自己拼了命地努力，别人却熟视无睹？

为什么你忠心耿耿，一往无前，领导们却视而不见？

事实上是因为你没有让上司看到你的存在，你默默地隐藏了自己的价值和能力，你自然得不到信任和重任。

如果你是小明那类的苦干型员工，那么你是时候改变一下自己的工作方式了，要学会做一只善于报喜的报喜鸟。

譬如，在完成困难复杂的工作任务以后，你要学会先向上司汇报，让他知道你的出色能力和完成任务的效率，你不是一个只会吃干饭的人。

换位思考一下，如果你总是等到有了麻烦才去寻求上司的帮助，那么在他的记忆里，你将会是怎样的一种存在？

他的记忆里只有你的失误与麻烦！

毫无疑问，上司都喜欢能力出众的下属，你经常巧妙地将自己能力出众的一面展现给上司，那么即使你偶尔出现一些失误，也会被光彩掩盖，上司会对你网开一面、手下留情的。

当然，向上司报功也要有技巧。

首先，主题明确，言简意赅直奔结果。你要知道，上司的工作也是很忙的，不能浪费太多时间和精力听你叙述前情后果、精彩过程，所以你务必在有限的时间里，把最重要的事情表述出来。

其次，切记要先感激别人的好，再讲自己的功，尤其是上司的好。

最后，如果需要的是书面报告，内容应尽可能详细。署上自己的名字，并且把直接上司、相关主管的名字等统统写上，千万别只顾上司，落了自己，那不是白费力气了吗？

当然，也要视情况而定，如果上司让你帮着起草本该由他完成的文件，你署上自己的名字，那就纯属没事找事了。

需要注意的是，切莫急功近利。报功后，不要急于请赏，你最初的小目标，应该定位在给上司留下良好印象上。

否则，目的性太明显，上司必然会对你产生看法。

第 **9** 章

关键客户拿捏：

想明白了，生意就来了

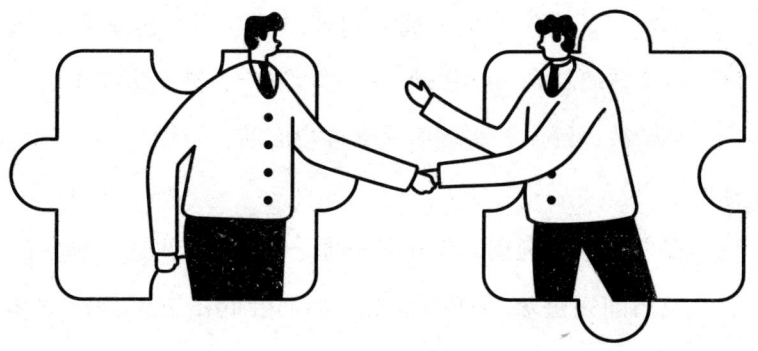

拿什么吸引你，我的客户

小明为了销售安全玻璃，特意在背包里放了一把锤子。

没错，一把锤子！

来到客户的办公室，小明费了半天口舌，对方依然不为所动。他询问道："我说了这么多，难道你还是不相信这款玻璃的安全性？"

客户摇头，表示不信。

小明"唰"的一下从背包里掏出锤子，走了过去。客户慌忙起身，躲出好远："你要干吗？"

小明二话不说，把玻璃放到客户面前，举起锤子"砰砰砰"对着玻璃就是一顿猛砸……锤锤有声，玻璃毫发无伤。

小明放回锤子，将玻璃递到客户面前，微微一笑："现在，你信了吗？"

客户："哎哟兄弟，你吓我一跳，咱能不能别这么刺激？"

说话间接过玻璃仔细查看，继而竖起了大拇指："兄弟，

　　　换位 思考

你家的产品绝了！"

小明趁势追击："×总，我家的玻璃这么好，你打算买多少？"

公司季度表彰大会上，小明举着奖金卡，戴着大红花。

大红花是小红给他戴的。

但你千万不要盲目照搬小明的做法，否则你面对的一定不是客户，而可能是保安。

这次大会以后，该公司的所有业务员去拜访客户的时候，几乎都会在包里装上一把锤子……

但一段时间过后，小明仍是业绩第一，这就让人费解了：明明大家都做了相同的事情，为什么你还是那么与众不同？

一天吃过晚饭，挽着小明的手臂，小红问了心中那个困惑已久的问题。

小明微微一笑："我早就知道把点子说出来以后，那帮小子会照搬。所以从那以后，我再去拜访客户的时候，就把锤子交给了他们。"

小明："你相信不相信我们的安全玻璃？"

客户："不信。"

小明："给你个锤子，你砸，砸坏了不用你赔！"

客户接过锤子砸了一通，发现玻璃完好如初，禁不住跷起大拇指："兄弟，你家这玻璃绝了。要是你自己砸，我还觉得可能藏着什么猫儿腻，现在我是真信了。"

小明趁势追击："×总，我家的玻璃这么好，你打算买多少？"

公司的年度表彰大会上，手举奖金卡，胸戴大红花的人这次变成了小红。

跑业务和跑销售的人，最常见的遭遇就是被拒绝。

你："马总，我们公司生产的孕婴用品，有口皆碑……"

马总："你，出去！"

事后你才知道，马总因为身体原因，这么多年一直膝下无子。

你没有成功吸引客户，反而触怒了客户，这是因为你的功课做得不到位。

与客户能否达成合作，就要看你在推开门以后最初的那段时间里，能不能有效吸引客户。

小明的方法不错，但不是所有商业洽谈都可以依葫芦画瓢，我们需要普适性更强的方法。

比如：在开场白上动动脑筋。

"刘总，你希望缩短物流时间，降低物流成本，为公司增加两成利润吗？"

"马总，使用这款软件以后，能为贵公司一年节省至少300万的不必要开支。"

"王总，我有些提高贵公司产品合格率的具体操作方法，您想不想听一下？"

这样去说开场白，是不是就比说"王总，我是××公司的业务员，受公司委托，前来为你介绍一下我们的业务"更胜一筹。

你抓住客户注意力的成功率自然会提升很多。

好的开场白就是销售成功的一半，这一点请务必牢记。

换位思考一下，如果你是客户，前来拜访的业务员上来就跟你说一堆陈词滥调或是无聊的话，你还愿意继续聊下去吗？

对于我们开场的前几句话，客户自会给出他自己的客观评判，并依此决定这次会面还有没有谈下去的必要。

除了在开场白中去掉空泛的言辞和一些多余的寒暄，戳中客户的心理关注点之外，要想得到客户的青睐，言谈举止也要符合一些基本要求：

1. 讲话时目视对方双眼，自然微笑，态度自信而谦逊、热情而自然；

2. 表述时必须生动有力，声调略高，语速适中，让客户觉得"你说话好听"。

又比如：用"奇言"来吸引客户。

小红在商场卖皮鞋，一位男士从销售厅前方走过。

小红悦耳的声音响起："先生，请注意您的脚下。"

男士慌忙停住脚步，向脚下看去：难道我踩到什么了吗？不能够啊。

这时小红款款走来，对男士嫣然一笑："先生，您的皮鞋旧了，感觉不太符合您的身份，我猜您一定是来选皮鞋的吧，我们这有很多款式，我给您介绍一下好吗？"

显然，小红成功地在第一时间吸引了潜在客户，接下来能否销售成功，就看客户对产品的满意度和她的销售技巧了。

使用这种技巧的关键是能够满足客户当前需求或是能够帮助客户解决问题。

在你前去拜访客户之前，你应当对客户的当前状况有个深入了解，然后在见面时开门见山告诉他，你可以帮助他解决他现在所面临的问题，他就会采取比较合作的态度，愿意和你谈下去。

再比如：引用旁证来唤起注意。

小丽在销售学习机的时候总是这样开头："我小外甥用的就是这款学习机，他有时候在学校没听明白，回来就听学习机里的名师指导，现在学习方面都基本不用我姐姐姐夫操心了。这款学习机等于把家长从学习任务中解放了出去。"

无论这次销售是否成功，这样的宣传旁证都会在对方心中留下极深印象，如果日后他被孩子的学习搞得头昏脑涨，有了强烈的愿望买学习机，他一定会再来找小丽。

引用旁证其实比较简单，除了像小丽一样引用客户体验的方法外，我们还可以引用产品发布会内容、社会新闻内容等。但需注意，引用旁证应以新见长，如最新消息、最新反馈、最新产品、最新款式、最新报道等，这样才更有吸引力。

换位 思考

相似性原则：与客户保持一致的姿态

和原平一一样，山田久二也是日本销售界的顶尖高手。

像他们这种高手一般都有自己的成功诀窍，山田久二的诀窍你听了大概要直呼不敢想象。因为那活生生就是一场客户模仿秀。

他不仅模仿客户的语言、口音、体态，甚至连客户的身份、职业、爱好等特点，也模仿得惟妙惟肖。

他的目标就是"求同"，使客户因此而对自己产生亲切感。

事实上的确有一部分客户不以为然，甚至对此感到厌烦，认为这是种下三烂的招数，上不了台面，由此判定这种喜欢"投机取巧"的人不可信。

然而更多的客户却都轻易进入了山田久二的"圈套"。

山田久二解释说："我真的不是要投机取巧，我只是为了向客户表明一种态度——我们是同一类人，事实上人们对同类人会更有好感。"

是的，人们对同类人会更有好感，但你想过把它运用到自己的社交或工作中吗？

实际上，与客户谈业务时很多人的态度都是非常不恰当的。

他们将每一次拜访都视为对客户的挑战，因此他们的每一次拜访都带着极强的挑战心理和防御心理，喜欢事先设计一连串的逻辑问题将客户逼到"墙角"。

最后，客户挥挥手："请从房间那侧开门，慢走，恕不远送！"

这实在是一种极糟糕的策略，当你像刺猬一样竖起浑身的刺时，客户同样会采取对等措施；只有你自己先放开，客户才会与你融合起来——去异求同，这不正是你想要的吗？

跑业务的根本，说到底就是人与人之间的沟通，而这种沟通的最终目标，就是去异求同，实现殊途同归，促成合作或交易。

克制自己的本质去仿效别人的特质，的确在心理上有点不好接受，但如果是为了与客户进行"平等"交流，进而积极"求同"，这便只是一种工作需要，一种变相地投其所好。

倘若你还有心理障碍，那就想想你的房贷、车贷，想想你梦寐以求的财富自由。

如果你已经想通了，那么接下来就要从话题、语调与姿态上完成模仿。

所谓话题模仿，并不是说客户说什么，你就学着说什么，做只鹦鹉。而是要把客户的想法、观点放在第一位，通过换位思考，找到客户感兴趣的话题，让你们看上去非常默契，甚至产生一种相见恨晚的感觉。

简单来说，就是力求和客户保持同频。

语调模仿，这个在你看来一定难度很大——我要是有这个天赋，我去做配音演员好不好，干吗累死累活还要受人闲气去跑业务？

事实上做配音演员你的确做不到，但模仿客户语调对你来说并不困难，因为它的要求并没有那么高。

所谓模仿语调，其实就是让你将自己说话的风格、语气、声调、语速、遣词造句、风度做派等个人讲话特点做一些调整，以便与客户的风格相辅相成，目的还是保持同频。

不同频的人，连吵架都可能吵不起来。业务沟通也是同样的道理。

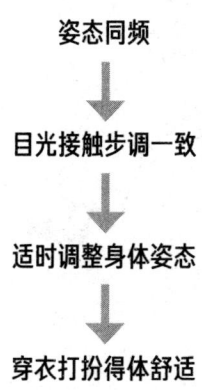

姿态模仿，当然，也不是说你要和客户保持一模一样的姿态，对方咳嗽你也咳嗽，对方大手一挥，你也大手一挥，那叫

东施效颦，不叫保持同频。

什么叫姿态上的同频呢？打个比方：

你费了好大力气才把大学时的校花约出来，两个人决定一起去公园享受春天的气息，结果校花如风拂柳款款而行，你心急火燎大步流星。你说，以后人家还会跟你一起散步吗？

同样的道理，拜访客户时，只有你们的举止、姿态保持高度相似，你们的洽谈才能取得不错的效果。

这里有三个点需要着重强调一下：

第一，目光接触。

你需要观察双方目光发生接触时客户的眼神、持续时间，

换位 思考

甚至是眨眼频率，从中找到双方目光接触的平衡点，然后与他保持视线接触上的步调一致。

第二，身体姿态。

客户放松，你也要放松；客户严肃，你也要严肃。千万不要客户轻松写意，你却如临大敌；客户郑重其事，你却不拘小节。另外在手势、动作、坐姿等方面，我们也应力求做到与客户保持和谐。

第三，穿衣打扮。

主要指的是品位与风格，力求使自己的打扮让客户看起来舒服，你甚至要做一些摸底工作，总不能客户刚刚离异，你却穿着一身绿色的服装过来拜访。

总之，你的打扮应在符合一个业务员标准的前提下，努力去迎合客户的品位。

综合分析，找到客户的购买诱因

有一天，一位房地产销售员带着一对夫妻去看别墅。

女士看到院子里有一株非常漂亮的枫树，顿时像小鹿一样蹦蹦跳跳来到树前："老公，你看，这里有一株枫树，我们不用去香山，就可以看枫叶红了。"

销售员带着他们来到客厅，看到他们对客厅有些陈旧的地板不太满意，就开口说："是啊，这地板的款式是有些陈旧，的确使用的时间有点长。但你们知道吗？这间客厅的最好之处就是，你躺在沙发上向窗外望去，就可以看到一株非常漂亮的枫树，尤其是枫叶红的时候，会感觉特别写意。"

销售员又带着他们来到厨房，美丽的女士表示这厨房的设计并不理想，不是她心中该有的样子。

销售员从容地说："没错，这间厨房的设计并不是特别合理，但之所以这样设计，是为了方便女主人在厨房做饭的时候，只要侧头看向窗外，就可以看到院子里那株漂亮的枫树。这座别墅的前女主人是位高知，对生活的追求极为雅致，而且

换位 思考

看得出来，男主人很疼他的太太，所以特意做了这样的设计。"

事实上无论这对夫妻走到哪个房间，无论他们从哪个角度去挑剔，销售员都会说："是啊，你们真的很有见地，这种设计的确存在一些小问题，但之所以这样设计，完全是因为男主人想让他的妻子无论在哪个房间，只要向窗外望去，一眼就能看到那株美丽的枫树。"

最后，这对夫妻决定买下这栋别墅。

因为那位漂亮的女士喜欢那株枫树，也因为那株枫树被这位销售员赋予了浪漫的爱情故事。

想让客户与你合作，那么你的产品或者你给出的条件必须要有吸引他的地方。同理，要想吸引他刺激他产生购买欲，就要从产品上找到能使他想拥有，并能满足他的某种需要的地方，也就是确定他的"购买诱因"。

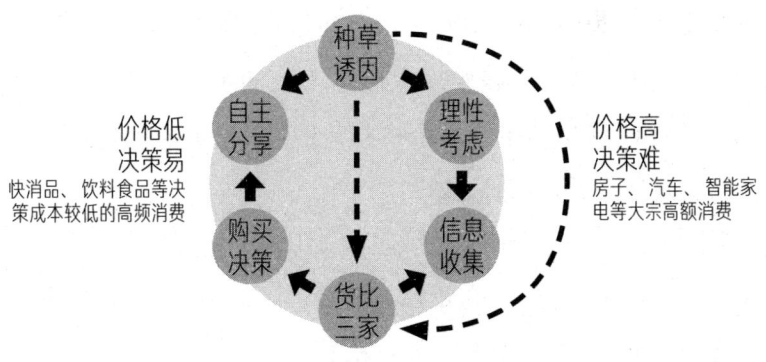

价格低
决策易
快消品、饮料食品等决策成本较低的高频消费

价格高
决策难
房子、汽车、智能家电等大宗高额消费

客户购买心理循环

在商业洽谈中，客户的抗拒点会有很多，可能来自我们提

供的条件，可能来自我们的竞争者，也可能是因为不喜欢我们的个人形象，等等。

抵消抗拒点最好的办法，就是猛击客户的购买诱因。

事实上，我们所遇到的每一位客户，心中都伫立着一株枫树，而我们的首要任务，就是在最短的时间内，找到他心里的那株"枫树"，然后竭尽所能将客户的关注点一再牵引到这株"枫树"上来。那么，就能最大限度地消除客户对于我们的抗拒。比如说，你正在推销一款电脑财务软件，那么你换位思考一下，客户凭什么在众多财务软件之中决定选择你推荐的那款？肯定不是因为你的财务软件能绘制出特别漂亮的图表；也不会因为马总和刘总在使用这款软件，他就跟风。

他最关心的一定是这款软件的效率能够达到什么级别，精确度如何，能够为他节省多少人力开支。那么你就不要滔滔不绝地去介绍这款软件如何使用，有什么特色功能，你应该着重提醒他，使用这款软件以后，他每个月起码能够节省 2 万元的人力支出，或者起码能够增加 10 万元的利润。那么，即使他一开始对 2000 元的产品价格有些抵触，此时也一定会对你的财务软件产生浓厚的兴趣。

商务合作中，成功的关键就是尽快找出客户需求，并明确我们的产品能够为客户提供什么帮助，从而确定客户的抗拒点和购买诱因，再采取相应的引导策略。

客户的合作兴趣，在什么情况下会转化为合作欲望

客户："你说得没错，在每一间办公室都装上日光灯，看上去更加高端大气上档次，而且光线好，对员工的视力也是一种保护，但贵公司的报价的确让我望而却步。"

这个时候你切勿急着降价。

你应该说："马总，我来帮您再算一笔账。我们这款日光灯主打的就是节能，相比同类产品，耗电量更低，而且使用寿命更长。如果按长期来算，它的日支持费用仅仅是……"

一些金融机构的短视频广告也经常会采用这种让人听了很容易心动的说辞："每天的利息只有……"

在商务洽谈中，很多时候，我们已经赢得了客户的初步信任，但客户仍然犹豫不决，这个时候我们就要给客户加一把火，将他的合作兴趣，转化为合作欲望。

基本操作就是：巧妙向客户说明他在与你合作以后，将会如何的满意，并从中获得怎样的乐趣，收获多大的利益，给客户制造一种赚到了的美好感觉。

比如你向一位美女推销真空吸尘器，你可以这样说：

"使用这款吸尘器，可以将您从繁杂的家务劳动中解放出来，这样你就会有更多的时间去做美体，去养颜，去练瑜伽，去看书，去交朋友。总之，你将有更多的时间去做你更喜欢做的事情。"

又比如你向一位个体商户推销橱窗展示灯，你可以这样说：

"您自己应该也发现了，就您现在的灯光设备来说，即使有很多行人从您的橱窗前经过，他们也注意不到您橱窗里的展品，因为不醒目！"

"刚刚我也向您展示了我们这款产品的灯光效果，您想象一下，如果您的橱窗被这种灯光装饰，将是多么的富丽堂皇，它会为您带来多么大的流量，您会因此增加多少收益？"

这样的措辞，显然更能触动客户的购买欲望。

当然，只靠这些符合逻辑的理由，未必能够将客户的合作欲望转化为合作行为。这时我们需要对客户进行更大的刺激，让客户相信他的合作行为是理性的。

比如：

客户："你们的产品确实不错，如果全部改装成这种传送带，的确可以提高我们的生产效率，但是价格确实过于高昂，你让我再考虑考虑。"

——这种情况说明，客户已经产生了合作欲望，而且他的合作欲望也已经受到了刺激，只不过因为价格因素，他还在犹豫，不能立即做出购买决定。

换位 思考

这时你需要做的是，向他展示合作带来的好处，对他进行进一步的刺激。

"这样马总，我免费赠送您一条传送带，您可以将改装后的设备和老设备的生产效率做个对比，届时您就会知道我所言非虚。"

几天后你再过来："马总，这一条传送带为您节省的人力与时间，创造的收益，是不是非常可观？"

马总："小明，你终于来了，我们再好好谈谈上次你出的那个方案。"

他已经将合作视为了当务之急。

商务洽谈中，只要你对客户的合作欲望施加的刺激达到了一定程度，他便会产生合作冲动，若你能察言观色，把握时机，进一步刺激他的合作冲动，这种冲动就会转化为合作行为。

是的，这样你就成功了。

欲擒故纵，玩点心眼，化被动为主动

你刚开始跑业务时，往往逢人便说：

"×总，请你给我一点时间，让我仔细给您做个产品介绍吧？"

×总："这几天我都没时间。"

你："×先生，几十块钱的东西，你买不了吃亏，买不了上当。"

×先生看了一眼，扬长而去。

你的热情不亚于追求女孩子，然而其结果也和追女孩子一样，你越热情，人家跑得越快。

还有些时候，对方的确对合作表现出了一定兴趣，结果你费尽口舌又说了半天，才发现让对方下定决心是件非常困难的事情。

而要让对方掏钱签订单，更是难上加难。

这是人之常情，赚钱不容易，人家很珍惜。

这个时候你不妨试试"欲擒故纵"。

换位 思考

欲擒故纵是指遮住自己的真实目的，采取背道而驰的手段，有针对性地瓦解对方的心理防御，使对方自己走进你设定好的场景中，这样，主动权便掌握在你的手里了。

其实，面对尚在犹豫中的客户，若采取步步紧逼的方式，不断加重他的心理负担，对你而言未必是利好，因为没有人喜欢被别人施加压迫感，他甚至有可能失去原本对合作产生的兴趣，开始逃离。

这时，我们便需要促使他主动做出对自己有利的决定。

比如你正在向一对夫妇推销不粘锅，你当着他们的面用这款锅炒了一个菜，使用效果非常理想，女士表现出了浓厚的兴趣，男士则一副兴味索然的样子。

一般推销员遇到这种情况，一定会趁热打铁，不断鼓动女士购买，甚至许诺还可以再打个折。如果这样，还真不一定能推销得出去，因为越容易得到的东西，人们越觉得它并不珍贵，而不容易得到的，人们才觉得那是好东西。

所以你可以先咨询对方的意见："怎么样，您二位对我们这款锅的使用效果还满意吗？"

女士："感觉还可以，但是我觉得价格有一点贵啊。"

你："这是今年的最新款，销量一直特别好，时常会卖断货，所以厂家一直没有降价。"

你："这样吧，我帮您看看去年的款式还有没有存货，那一款只是样式有点过时，其实使用效果差不多，不过因为买的人少了，价格也相对便宜一些。"

男士微微蹙眉，女士心领神会："过时的东西我们也不喜欢，麻烦你再帮我们打个折吧。"

你："美女，真的不好意思，我只是个销售员，是没有资格降价的，我再问问我们经理吧。"

你拿起电话，佯装很热心地为顾客咨询，然后放下电话："不好意思，美女。我们经理说，商品都是统一定价，无法给您额外的折扣，如果你们不介意的话，我刚刚做展示的样品可以给您打个八折。"

女士："可是我不想要样品啊。"

你："那不如这样，您五一再来，我们商场五一有促销活动，到时候一定能给您打折。只不过，这款锅销量很好，赶上销售热潮可能会断货，我没法向您保证到时一定还能提供商品。"

你这款锅，大概率是推销出去了。

在商务洽谈中，通过使用语言或动作使对方觉得他可能得不到某种东西，制造"得不到才珍贵"效应，是业务人员必须掌握的一种手段。

换言之，就是在商务洽谈中，充分利用"我不急于成交"的幻象，使对方认定"犹疑不定"有害无益，为了逃避"担忧心理"，主动寻求合作，或者寻找一个"再次商谈"的机会。

这要求业务人员头脑灵活，具有一定的职业素养，能够根据客户的临场反应，随时制定不同的欲擒故纵策略。

比如：只卖给有资格得到它的人。

"这是限量版的艺术品，非常珍贵，它的购买条件很高，身份、地位、艺术品位都在考量范围内。"

客户会努力证明他有身份、有地位、有品位，毕竟喜欢证明自己也是人的一种天性。

"我们准备只挑出一家代理商打交道，不知道你们的资质……"

客户会努力证明他的资质足够理想，完全有资格与你的公司合作，并会努力寻求合作，他要抓住这种稀缺的资源，同时也要证明自己"是有资格的"。

在跑业务的时候，你还可以试试以下动作，轻轻地把对方正仔细观看的商品取回来，造成对方的"失落感"；带着对方离开他尚未看够的房子、车子，制造"意犹未尽"的感觉。这都是欲擒故纵的策略。

需要注意的是，采用这一类方法时，分寸一定要拿捏好，要制造漫不经心、温和随意的感觉，切不可让对方感到被冒犯，觉得你倨傲或是粗暴无礼。

又比如：饥饿销售。

你开了一家熟食店，售卖的全是自制的各种熟食，因为味道独特，来买的人很多。

你需要加大出货量吗？不一定。

假如你定下一个规矩：为保证产品质量，所有售完商品，当天都不再重复制作和销售。哪怕客户强烈要求，你也不为所动，你坚持要"保证质量"。

那么你的生意可能会更加火爆。

事实上你真的是为了保证质量吗？当然不是。

国人是有这样一种习惯的：越是缺乏的东西，越是要抢购。

所以你现在应该明白了，为什么一些手机一上市就断货，是真的产能不足，没有存货吗？

与此类似的还有赠品和打折，则是利用消费者爱贪小便宜的心理而采取的欲擒故纵的手段。

还是你的熟食店，开业酬宾五天，第一天打9折，第二天打8折，第三天打7折，以此类推。先到先得，售完为止。

显然，顾客在第五天去购买，一定能得到最大的便宜，你甚至要亏本。

但是，极少有人会在第五天才去，因为他们怕抢不到。正常的情况下，大概在第二天和第三天，便已经掀起了抢购热潮。

饥饿销售主要利用的是国人的抢购心理，靠人为控制商品数量来制造客户诱惑，从而提高商品的知名度和受欢迎程度。这种手段非常高明，甚至有一些人一直仍被蒙在鼓里，就觉得是人家的产品太抢手了。

俗话说得好："放长线，钓大鱼。"所谓"长线"，在商业活动中就是"故纵"的"纵"。

欲擒故纵，难免会形成某种程度的损失，你要学会控制。事实上，一个人要想钓到大鱼，总得经过几次被鱼吃饵、鱼儿

换位 思考

脱钩、挣断钓丝甚至折断钓竿的教训。

　　当你通过总结经验教训，不断完善策略，把鱼饵越做越香，钓技越来越成熟时，你会发现，这河里的大鱼还真多。

个别客户难破防，不妨试试激将法

　　某厂决定将一套价值千万的生产设备转卖给同行业另一家厂商。正式商谈前，厂长（甲）派人对同行厂商（乙）进行了一番探查，了解到两个重要情况：

> 　　第一，该厂体量够大，实力雄厚，但大部分资金都投入了生产线上，他们有能力腾出千万资金，但不会轻举妄动；
>
> 　　第二，该厂新的掌门人是老厂长的儿子，年轻有为，有见地、有魄力、有能力，但好胜心极强，在商战中从来不甘示弱，甚至常以拿破仑自许。

　　于是，便有了这样的会谈场面。

　　甲厂长："昨天对贵厂进行了实地考察，真是令我叹为观止，老弟这么年轻就有这样的水平，着实让我钦佩而且汗颜。"

　　乙厂长心中欢喜，嘴上谦虚："哥哥您过奖了，我年轻无

换位 思考

知，经验太浅，以后还希望哥哥多多指点，不吝赐教。"

甲厂长："我这人直性子，有一说一，有二说二，贵厂办得好，就是好。有顾虑我也会直说。"

乙厂长："不知哥哥对我们厂还有哪些顾虑？"

甲厂长："的确有两个疑问，不知当讲不当讲。"

乙厂长："大家在一起谈生意，哥哥你有什么想法尽管说就是。"

甲厂长："我是有两方面担心：第一，弟弟的厂子目前是否有实力购买这套千万级别的设备？第二，即使有购买能力，贵厂是否可以招揽到可以管理、操作这套设备的技术人才？"

乙厂长不高兴了："来，哥哥，我给你讲讲我们厂有多大实力……"

原本很难搞的一次谈判，就这样轻而易举谈成了。

甲厂长在这里运用了一项心理战术，没错，就是激将法。

激将是商务谈判中常用的一种技巧：

当洽谈陷入停滞或对峙阶段，一方巧妙利用对方的自尊心及逆反心理，以"刺激"唤醒对方的不服输心理，激发对方求胜的欲望，使其理智脱离控制，进而顺着自己的思路进入"被洗脑"状态。

这个技巧的关键点在于刺激自尊心。

每个人都不允许自己的自尊心受到轻视或侵犯，为了维护自己的尊严，有时明知不可为，也会竭力为之。这个时候他心里唯一的念头是"我一定要做成这件事，证明给他们看"，而不是"我这么做到底对不对"。

这就是心理战术的可怕之处。

这种战术最适合应用在那些初出茅庐、经验尚少、意气风发的年轻人，或是易冲动、容易感情用事的人身上。

它的关键在于，你要知道对方最在意的是什么，找到并击中对方的七寸之处，将其理智瞬间轰得粉碎。

不过，运用激将法必须将分寸拿捏到位。

第一，人选。

务必在面对那些性格浮躁、争强好胜或性格刚直的客户时运用。

换位 思考

对性格软懦的人使用只会适得其反，如果对方是经验老到城府颇深的司马懿式客户，千万别用，用了反而大事不妙。

第二，切入点。

使用激将法务必要找准切入点，设法戳到对方的痛处。

比如诸葛亮智激周瑜，就戳中了男人不能忍受辱妻之恨这个痛点，使周瑜产生了"不是愿不愿意去干，而是必须去干"的想法。

又比如对于那些很在乎名声、有头有脸的客户，他的名声、荣誉、能力等，都可以成为你刺激他的武器。

第三，分寸。

在对客户使用激将法之前，首先你要衡量以下三点：

1. 你和他是不是准备做一次性买卖，从此以后不会再有生意上的来往，得罪了也无所谓？

2. 这个人是否为人大度，且你已经提前预想了修复关系的方法，并且有很大把握可以修复成功？

3. 事情是否已经到了火烧眉毛，正所谓事急从权，也顾不了那么多了？

商务谈判中运用激将法，这三条起码要占一条，否则就没必要采取这种激进的方式。

　　此外，激将法的运用还要拿捏一个巧字，这要求我们将讲话的时机和尺度拿捏到位。

　　不要操之过急，也不要行之过缓。急功近利，容易被聪明人一眼看透，温温吞吞不足以激起对方的好胜心，达不到你想要的效果。

　　不痛不痒的话，说了等于没说，但言辞太过尖锐，对方很可能直接拍桌子，这个度，你得好好琢磨琢磨。

换位 思考